十万个为什么

消失的物种

XIAOSHIDEWUZHONG

《科普世界》编委会 编

内蒙古科学技术出版社

图书在版编目（CIP）数据

消失的物种 /《科普世界》编委会编. —赤峰：
内蒙古科学技术出版社，2016.12（2022.1重印）
　　（十万个为什么）
　　ISBN 978-7-5380-2755-6

　　I. ①消… Ⅱ. ①科… Ⅲ. ①濒危种—普及读物
Ⅳ. ① Q111.7-49

中国版本图书馆CIP数据核字（2016）第313123号

消失的物种

作　　者：《科普世界》编委会
责任编辑：那　明　张继武
封面设计：法思特设计
出版发行：内蒙古科学技术出版社
地　　址：赤峰市红山区哈达街南一段4号
网　　址：www.nm-kj.cn
邮购电话：（0476）5888903
排版制作：北京膳书堂文化传播有限公司
印　　刷：三河市华东印刷有限公司
字　　数：140千
开　　本：700×1010　1/16
印　　张：10
版　　次：2016年12月第1版
印　　次：2022年1月第3次印刷
书　　号：ISBN 978-7-5380-2755-6
定　　价：38.80元

前言
Preface

世间的一切生命在漫长的岁月中，有多少能坚持到今天？它们源于何地，又终于何时？生命个体的结束对于我们的世界不会有什么影响，可是一个种群的消亡那将是怎样一种悲哀呢？

世界因为参差而美丽，而每一物种的消失都让这种参差变成一种缺憾。人类正是出于对生命的敬畏，同时也是对自身生存环境的忧虑，开始思考那些曾经存在过的物种为什么会消失，这种消失对人类有什么伤害。

于是，从寒武纪到三叠纪再到今天，地球上所有曾经存在过的物种，人们都细细研究，为什么曾经的王者恐龙会瞬间消失？为什么水杉只生长在中国？在物种消失的过程中，有哪些是天灾，又有哪些是人祸？人类在找寻答案的过程中，又发现了很多秘密，这就是探寻未知世界所特有的乐趣。

Part 1
人类不能孤单地存在

目录 Contents

Part 2
已经灭绝的哺乳动物

Part 3
已经灭绝的两栖爬行类

Part 4
已经灭绝的鸟类

Part ⑤ 已经灭绝的水生生物

part 1

人类不能孤单地存在

物种灭绝的定义是什么？

▼ 渡渡鸟

地球上的任何角落都没有该种的成员存在时，就认定是灭绝，即绝种。一株植物枯萎，一只动物死亡，有时并不仅仅意味着单个生命有机体的消失，也许它就是整个本物种中最后的一个，它的死亡就是宣告了这个物种的灭绝。根据"世界自然保护联盟"（IUCN）的物种等级标准：灭绝指在过去的 50 年中未在野外找到的物种，如渡渡鸟。

为什么说麋鹿已经灭绝？

对于物种灭绝，还有另外一种解释：如果植物或动物的种类不可再生性地消失或被破坏，称为物种灭绝。在灭绝动物的名单中，麋鹿却很特殊。人们常说"麋鹿，1900 年灭绝于南海子"，可在动物园或一些庄园中还有一些活的麋鹿，为什么说已经灭绝了呢？这里就需要解释一下野生灭绝的含义。一般来说，某物种的个体仅

被笼养或在人们控制下存活，就可认为是野生灭绝。

麋鹿，自古在华夏大地广有分布，北京南苑不仅是麋鹿这个物种的科学命名地 (1965 年)，而且由于水灾和战祸，这里又成为中国本土上最后一群麋鹿的消失地 (1900 年)。由于毕竟还有 18 头保存于英国乌邦寺动物园，香火未断，所以它们属野生灭绝。类似事例还有普氏野马 (1947 年)。

▼ 麋鹿

你知道什么是局部灭绝吗？

　　局部灭绝又称为地方灭绝，如"台湾云豹"1972 年灭绝，就属于局部灭绝。因为中国大陆及东南亚许多国家和地区仍有云豹，可台湾岛上的云豹却彻底没有了，这就算局部灭绝。例如中国犀牛、白臀叶猴、赛加羚羊都是指中国境内没有了，但作为一个物种，苏门犀牛在印尼、马来西亚仍然存在，白臀叶猴在老挝、越南还存在，赛加羚羊在哈萨克斯坦还有。

◀ 赛加羚羊

人们常说的亚种灭绝指什么？

　　亚种是指某个种的表型上相似种群的集群，栖息在该物种分布范围内的次级地理区，而且在分类学上和该种的其他种群不同。

　　以虎为例，世界上的虎实际上只有一种，繁多的名目都是亚种

▲ 巴厘虎

及亚种以下的分类。在虎的 8 个亚种中，巴厘虎、爪哇虎和里海虎已经分别于 1937 年、1972 年和 1981 年在野外灭绝了。因此，亚种灭绝并不代表物种灭绝。

拥有类似情况的还有狼，狼是一种原产北美及欧亚体型最大的犬科动物，亚种变种很多，已灭绝的如纽芬兰白狼、肯内艾狼等。

知识链接

地球上其他的亚种灭绝

自工业革命以来，地球上已有冰岛大海雀、北美旅鸽、南非斑驴、印尼巴厘虎、澳洲袋狼、直隶猕猴、高鼻羚羊、普氏野马等物种不复存在。英国生态学和水文学研究中心的杰里米·托马斯领导的一支科研团队曾在 2004 年出版的《科学》杂志上发表过一篇英国野生动物调查报告。报告称，在过去 40 年中，英国本土的鸟类种类减少了 54%，本土的野生植物种类减少了 28%，而本土蝴蝶的种类更是惊人地减少了 71%。一直被认为种类和数量众多，有很强恢复能力的昆虫也开始面临灭绝的命运。托马斯说："昆虫物种量占全球物种量的 50% 以上，因此它们的大规模灭绝对地球生物多样性来说是个噩耗。"

人类不能孤单地存在

5

什么是生态灭绝？

　　由于一些野生动物数量太少，种群过小，遗传变异性丧失，被专家称为"活着的死物种"，它们不仅对生态环境影响甚微，而且连自身的存亡都成问题，例如屈指可数的华南虎，即便归山，对其他群落和成员的影响也是微不足道的，这种情形称"生态灭绝"。

　　物种灭绝并不总是匀速、逐渐进行的，经常会有大规模的集群灭绝，即生物大灭绝。整科、整目甚至整纲的生物可能在很短的时间内彻底消失或仅有极少数残存下来。在集群灭绝过程中，往往是整个分类单元中的所有物种，无论在生态系统中的地位如何，都逃不过这次劫难，而且还常常是很多不同的生物类群一起灭绝。

▼ 华南虎属于活着的"死物种"

你知道进化史上的五次物种大灭绝吗？

通过对古老岩石的研究可以知道，地球上的物种至少经历了五次大消亡或者大灭绝。

第一次物种大灭绝——奥陶纪大灭绝，大约发生在4.39亿年前。由于全球气候变化，发生了大规模物种集群灭绝，约有85%的物种、近100个科的生物灭绝。

第二次物种大灭绝——泥盆纪大灭绝，大约发生在3.67亿年前。由于气候变冷、浅水中含氧量下降等原因，70%物种消失，海洋中无脊椎动物遭到重创。

▲ 彗星与地球之间的碰撞

第三次生物大灭绝——二叠纪大灭绝，大约发生在2.5亿年前。由于气候变化或天体撞击，物种数减少90%以上。

第四次生物大灭绝——三叠纪裸子植物大灭绝，大约发生在2.08亿年前。起因不详，裸子植物大规模灭绝，导致恐龙崛起，生物灭绝程度相对较小。

第五次生物大灭绝——白垩纪恐龙大灭绝，大约发生在6500万年前。起因可能是因为小行星或者彗星坠落地球，导致长期以来统治地球的恐龙灭绝了。

人类不能孤单地存在

7

奥陶纪是什么样的？

奥陶纪是古生代的第二个纪，距今 5 亿年开始，延续了 6500 万年。奥陶纪分早、中、晚三个世，是地质史上海侵最广泛的时期之一。这一时期气候温和，浅海广布，世界许多地区（包括我国大部分地区）都被浅海海水掩盖，海生生物空前发展。

在奥陶纪广阔的海洋中，海生无脊椎动物空前繁荣，生活着大量的各门类无脊椎动物。除寒武纪开始繁盛的类群以外，其他一些类群还得到进一步的发展，其中包括笔石、珊瑚、腕足、海百合、苔藓虫和软体动物等。鹦鹉螺在这一时期得到繁盛，它们身体巨大，是当时海洋中凶猛的肉食性动物；由于大量食肉类鹦鹉螺的出现，为了防御，三叶虫在胸、尾长出许多针刺，以避免食肉动物的袭击或吞食。

▼ 海百合

奥陶纪大灭绝的原因是什么？

第一次物种大灭绝中，使近 85% 的物种灭亡，27% 的科与 57% 的属灭种。依据灭种的生物分类的属的数量，此次物种灭绝居五次大灭绝事件的第二位。

古生物学家认为这次物种灭绝是由全球气候变冷造成的。在大约 4.4 亿年前，现在的撒哈拉所在的陆地曾经位于南极，当陆地汇集在极点附近时，容易造成厚厚的积冰——奥陶纪正是这种情形。大片的冰川使洋流和大气环流变冷，整个地球的温度下降了，冰川锁住了水，海平面也降低了，全球冷化进入安第斯－撒哈拉冰河时期。原先丰富的沿海生物圈被破坏了，导致了 85% 的物种灭绝。

对于这次物种大灭绝的原因还有一种更被普遍接受的说法——恒星爆炸。持此观点的专家认为距离地球 6000 光年的一颗衰老恒星发生爆炸，释放出伽马射线。伽马射线击中了地球。在击中地球后，伽马射线摧毁了 30% 的臭氧层，导致紫外线长驱直入，浮游生物因此大量死亡，食物链的基础被摧毁，产生饥荒。同时被伽马射线打乱的空气分子重新组合成带有毒性的气体，这些气体遮挡了阳光中的热量，地球一时没有任何生机。

▲ 地球历史上冰川时代的遗迹

人类不能孤单地存在

第二次物种灭绝引发了哪些生物灭绝？

在约 3.65 亿年前的晚泥盆纪至早石炭纪发生了第二次物种大灭绝，呈现两个高峰，中间间隔 100 万年，是地球史上第四大物种灭绝事件，海洋生物遭到重创，82% 的海洋物种灭绝。

灭绝的科占当时科总数的 30%，灭绝选择性地发生，灭绝的海生动物达 70 多科，比陆生生物严重得多。这次灭绝事件的时间范围较宽，规模较大，受影响的门类也多。当时浅海的珊瑚几乎全部灭绝，赤道浅水水域的珊瑚礁也全部灭绝，深海珊瑚也部分灭绝，层孔虫几乎全部消失，竹节石全部灭亡，浮游植物的灭绝率也达 90% 以上，腕足动物中有三大类灭绝，无颌鱼及所有的盾皮鱼类受到严重影响。陆生植物以及淡水物种，比如原始爬行动物，也受到影响。

▼ 珊瑚曾在泥盆纪灭绝事件中遭受灭顶之灾

▲ 火山喷发出的直径小于 2 毫米的碎石和矿物质粒子就是火山灰

什么原因造成了泥盆纪大灭绝？

很多科学家认为造成泥盆纪大灭绝的原因是一次与奥陶纪末相似的全球变冷事件。根据这一理论，晚泥盆纪的大灭绝是由冈瓦纳大陆的另一次冰川作用引发的，此期间的彗星撞击事件曾被认为可能是这次大灭绝的诱因。加拿大古生物学家迪格比·迈凯伦在1969 年提出泥盆纪灭绝事件是由小行星撞击造成的。尽管有晚泥盆纪碰撞事件，但更多的学者认为这一时期气候剧变可能是中太平洋地函柱喷发出大量火山灰和温室气体，导致海平面下降而引发的。这次大灭绝使得海洋生物大规模灭绝，但两栖类动物却获得了发展。

人类不能孤单地存在

11

生物史上最严重的大灭绝事件是什么？

生物史上最严重的大灭绝事件是二叠纪大灭绝。二叠纪是古生代的最后一个纪，也是重要的成煤期，开始于距今约 2.95 亿年，延至 2.5 亿年，共经历了 4500 万年。二叠纪分为早二叠世、中二叠世和晚二叠世。

在距今约 2.5 亿年前的二叠纪末期，当时地球上约 96% 的物种灭绝，其中 90% 的海洋生物和 70% 的陆地脊椎动物灭绝。三叶虫、海蝎以及重要珊瑚类群全部消失，陆栖的单弓类群动物和许多爬行类群也灭绝了。这次的物种大灭绝使得占领海洋近 3 亿年的主要生物从此衰败并消失，让位于新生物种类，生态系统也获得了一次最彻底的更新，为恐龙类等爬行类动物的进化做好了环境准备，生物演化进程产生了十分重大的转折。

▲ 三叶虫于二叠纪生物灭绝事件中消失，如今我们只能从其化石中一睹它们的风采了

▼ 科学家们普遍认为二叠纪灭绝事件为恐龙等爬行动物的进化做了准备

二叠纪大灭绝的原因是什么？

关于二叠纪大灭绝的原因，科学家们给出了不同的说法。

1. 撞击事件。位于南极洲的威尔克斯地陨石坑，直径达500千米，形成时间在5亿年内，规模与形成时间使它成为本

▲ 陨石坑蕴含了很多的信息，有时能为科学家的研究提供线索

次灭绝事件的可疑成因，因此科学家们尽力寻找那个时代的大型陨石坑与撞击证据。目前已经发现数个可能与二叠纪末灭绝事件有关的陨石坑，包含澳洲西北外海的贝德奥高地、南极洲东部的威尔克斯地陨石坑。但没有可信服的证据可证明这两个地形是由撞击产生的。以威尔克斯地陨石坑为例，这个位于冰原下的凹地，年代无法确定，可能晚于二叠纪末灭绝事件才形成。

2. 火山喷发。在二叠纪的最后一期，发生两个大规模火山爆发，即西伯利亚暗色岩火山爆发、峨眉山暗色岩火山爆发。峨眉山暗色岩位于现今中国四川省，规模较小，形成时间中二叠纪末期，形成时的位置接近赤道。

人类不能孤单地存在

13

"恐龙时代前的黎明"指什么？

三叠纪是中生代的第一个纪，它位于二叠纪和侏罗纪之间。距今2.5亿年至2.03亿年开始，延续了约5000万年。三叠纪是古生代生物群消亡后现代生物群开始形成的过渡时期。这一时期的早期植物面貌多为一些耐旱的类型，随着气候由半干热、干热向温湿转变，植物趋向繁茂，低丘缓坡则分布着和现代相似的常绿树，如松、苏铁等。这一时期，脊椎动物得到了进一步的发展。其中，槽齿类爬行动物出现，并由它发展出最早的恐龙。三叠纪晚期，蜥臀目和鸟臀目都已有不少种类，恐龙已经是种类繁多的一个类群了，在生态系统占据了重要地位。因此，三叠纪也被称为"恐龙时代前的黎明"。

在三叠纪晚期发生了第四次物种大灭绝事件，遭受重创的主要是裸子植物，盛产于古生代的主要植物群几乎全部灭绝。这次大灭绝没有明显的标志，气候没有十分显著的变化，至今原因成谜。

▼ 三叠纪时期就生长有与苏铁类似的常绿树木

最著名的大灭绝事件是什么？

在五次大灭绝中，白垩纪恐龙大灭绝事件最为著名，因长达 14000 万年之久的恐龙时代在此终结而闻名，海洋中的菊石类也一同消失。这次的生物灭绝被评为地球史上第二大生物大灭绝事件，75% ~ 80% 的物种灭绝。这次事件中处于霸主地位的恐龙及其同类相继灭绝，为哺乳动物及人类的最后登场提供了契机。

知识链接

白垩纪

白垩纪是中生代的最后一个纪，位于侏罗纪之上、新生界之下。距今 1.37 亿年开始，距今 6500 万年结束，其间经历了 7000 万年。无论是无机界还是有机界，在白垩纪都经历了重要变革。

白垩纪是中生代地球表面受淹没程度最大的时期，在此期间北半球广泛沉积了白垩层，1822 年比利时学者 J.B.J. 奥马利达鲁瓦将其命名为白垩纪。这次灭绝事件中灭绝的物种主要是裸子植物、恐龙等爬行动物、菊石等。

人类不能孤单地存在

是小行星撞击地球导致了恐龙灭绝吗？

对于这次灭绝事件，最通常的说法是小行星撞击地球。6500万年前，一颗 10 千米宽的小行星碎片抵达地球，它质量达 20000亿吨，速度在地球引力下快速加快，从每小时 6.5 万千米增加到 7.2万千米，合每秒 20 千米，这么快的速度，大气层根本无法使之减速。它进入大气层，开始燃烧，温度接近 20000℃，亮度是太阳表面的100 万倍，它飞越大西洋，朝墨西哥撞去，当时的中国东海岸也能看见它。它撞击了墨西哥湾浅水区，那里的海水被蒸发。裸子植物、恐龙等都生活在沼泽或浅水湖等湿润地区，一旦海水退去，这些依赖水环境生存的生物必然会遭到灭顶之灾。加之撞击还引发了地震和海啸，致使火山大量喷发，云层厚几千米，以致阳光不能穿透，全球温度急剧下降，这种黑云遮蔽地球长达数十年之久，植物不能从阳光中获得能量，海洋中的藻类和成片的森林逐渐死亡，食物链的基础环节被破坏了，大批的动物因饥饿而死，植食性的恐龙也饥饿而死。植食性的动物死亡了，肉食性的恐龙也就失去了食物来源，它们在绝望和相互残杀中慢慢地消亡。几乎所有的大型陆生动物都没能幸免于难，在寒冷和饥饿中绝望地死去。小型的陆生动物，像一些哺乳动物依靠残余的食物勉强为生，终于熬过了最艰难的时日，等到了古近纪陆生脊椎动物的再次大繁荣。

▼ 食物缺乏导致了恐龙的大量死亡

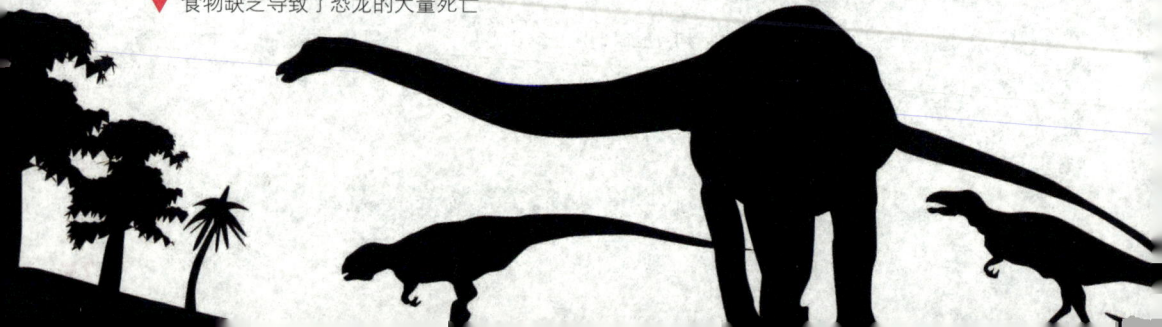

▲ 工业经济的发展，往往造成环境的污染，这对其他物种的生存构成了威胁

为什么说第六次大灭绝可能出现？

2011 年 3 月，美国的一项研究称，如果人类不抓紧保护濒危动物、减少环境污染，地球将在未来数百年面临第六次大灭绝，届时地球表面 75% 的生命都将被摧毁，而再次重建则需要几百万年的时间。

前五次的物种灭绝，可以说是自然大灭绝，无论物种还是环境都在进行着自然选择。但现在，由于人类活动造成的影响，物种灭绝速度比自然状态下的灭绝速度快了 1000 倍，这是科学家通过比较哺乳动物远古和今日的灭绝速度计算出来的。在过去的 500 年中，大约 5570 种哺乳动物中有 80 种已经灭绝。而在以前，每 100 万年平均只有不到两种哺乳动物灭绝。科学家称，如果照现在的速度发展下去，第六次大灭绝可能在接下来的 3 ~ 22 个世纪来临。

中国科学院动物研究所首席研究员、中国濒危物种科学委员会常务副主任蒋志刚博士认为，若从自然保护生物学的角度来说，自工业革命开始，地球就已经进入了第六次物种大灭绝时期。

人类不能孤单地存在

17

▲ 现今犀牛处于濒临灭绝的危险中

地球上有多少物种濒临灭绝？

2004 年 11 月，世界自然保护同盟宣布，在世界自然保护同盟的列表中，有将近 1.6 万种动植物面临绝种，其中约 3000 种动物是"极度濒危"，"可能已灭绝"的有 200 多个。世界自然保护同盟首席科学家麦克·利利说："我们每失去一种动植物，就意味着破坏了进化了 35 亿年的生物链。"

根据世界自然保护联盟所发布的物种红色名录，截至 2010 年共有 15589 个物种受到灭绝威胁。其中包括 12% 的鸟类、23% 的兽类、32% 的两栖类、25% 的裸子植物、52% 的苏铁类、42% 的龟鳖类、18% 的鲨鱼鳐类、27% 的东非淡水鱼。美国杜克大学著名生物学家斯图亚特·皮姆认为，如果物种以这样的速度减少下去，到 2050 年，目前的四分之一到一半的物种将会灭绝或濒临灭绝。事实上，大型鸟类和哺乳动物已经处于灭绝的边缘。超过 200 千克的哺乳动物是最易灭绝的，这种物种中的 80% 已被列为濒临危险或者刚刚消失。濒临危险的大型哺乳动物包括大猩猩、虎、海牛和犀牛等一些种类。鸟类的情况也类似，鸟越大则处于灭绝边缘的几率越大。世界自然保护同盟 2012 年公布的《濒危物种红色名录》表明，现在物种灭绝速度和恐龙大量灭绝时代的速度相近。

斯坦福大学的科学家用计算机模拟的方法对 9787 种现存鸟类和 129 种已灭绝鸟类作了分析，该分析模型包括鸟类分布、生活史、物种灭绝速度、现有的保护措施以及气候和环境变化等很多因素。科学家们得出的结论是，100 年内 10% 的鸟类将消失。

渡渡鸟为什么不会飞？

渡渡鸟是仅产于印度洋毛里求斯岛上的一种不会飞的鸟。这种鸟在被人类发现后仅仅 200 年的时间里，便由于人类的捕杀和人类活动的影响彻底绝灭，堪称是除恐龙之外最著名的已灭绝动物之一。

毛里求斯岛是印度洋上的偏远岛国，渡渡鸟 17 世纪晚期开始灭绝前在那里生活了数百万年。令人费解的是，它们被欧洲水手发现后只过了 80 年，就从地球上完全消失了。

渡渡鸟体型肥大，因此总是步履蹒跚。它还有一张大大的嘴巴，使它的样子显得有些丑陋。它不会飞，也跑不快，幸好岛上没有它们的天敌，温顺笨拙的它们安逸地在树林中建窝孵卵，繁殖后代。但随着欧洲人来到岛上，渡渡鸟的命运发生了改变并最终灭绝。

渡渡鸟个大肉多，因此遭到人类的大肆捕杀 ▶

人类不能孤单地存在

为什么会有"逝者如渡渡"的谚语？

　　16 世纪后期，欧洲人带着枪和猎犬来到了毛里求斯。他们的到来对于渡渡鸟来说就一场灾难。欧洲人来到岛上后，渡渡鸟就成了他们主要的食物来源。一个叫海恩德里克·迪尔克斯·乔林克的水手最早记录了渡渡鸟的情况，他在 1598 年率领一支探险队来到毛里求斯。乔林克写道，这些大鸟的翅膀比鸽子的还短，正因为如此，它们不能飞翔。科学家通过乔林克的记录在渡渡鸟深受水手喜爱的原因上获得一条重要线索。他说："这些特别的鸟有个非常大的肚子，它能让两个男人美餐一顿，事实上这也是渡渡鸟身上味道最美的地方。"欧洲人开始了大肆捕杀，他们每天可以捕杀几千只到上万只。除了人为的猎杀之外，这些欧洲人带来的猪、狗、猴、鼠等动物开始捕食渡渡鸟的卵和雏鸟，而且这些欧洲人也开始对大片森林进行砍伐，这使得渡渡鸟的栖息地遭到了破坏，渡渡鸟的数量剧减。到 1681 年，最后一只渡渡鸟被残忍地杀害了，从此，地球上再也见不到渡渡鸟了，除非是在博物馆的标本室和画家的图画中。在人们的环保意识加强之后，人们开始反思渡渡鸟的悲哀，后来"逝者如渡渡"成了西方流行的一句谚语，用来叹惋消逝的事物。

渡渡鸟是鸽子的近亲 ▶

▲ 每年有部分候鸟要进行远程的洲际迁徙

你知道候鸟必经的"千年鸟道"吗？

　　曾拍摄过《迁徙的鸟》的法国著名纪录片导演雅克·贝汉说："候鸟的迁徙，是一个关于承诺的故事。"每年全球会有数十亿只候鸟进行洲际迁徙，一入秋，大群落的候鸟从西伯利亚、内蒙古草原等地起飞，分东、中、西三路飞往南部地区越冬。8条迁徙路线中会有3条经过中国，而湖南、江西等地，成为南迁候鸟必经之地。桂东县和炎陵县交界的罗霄山山脉，每年谷雨和秋分时节，数以亿计的候鸟会集群经过，这里成了候鸟必经的"千年鸟道"。

人类不能孤单地存在

其他物种的灭绝会影响到人类的健康吗？

　　人类在地球上无法孤单地存在，看似不相干的物种的灭绝会影响到人类的健康，因为生态平衡的变化总是导致携带病毒的动物显著增加。研究表明，20世纪90年代印度的秃鹫数量减少了95%，致使野狗和老鼠迅速繁殖，导致印度狂犬病患者大量增加。

　　斯坦福大学的科研人员格雷琴·戴利举了另一个案例："莱姆病有类似流感的症状，可以损害神经中枢，而北美鸽的灭绝是美国莱姆病蔓延的罪魁祸首。"寄生在田鼠身上的壁虱是莱姆病的主要携带者。鸽子和田鼠的主要食物是橡树果，鸽子消失使田鼠食物异常丰富，数量激增，壁虱增加。可见，保持物种多样性对改善人类生存条件也大有益处。

▼ 鼠类动物可以引起多种疾病的传播流行，严重威胁人类健康

part 2

已经灭绝的哺乳动物

刃齿虎长什么样?

《冰河世纪》中的那个两颗长长的虎牙长在最外面的大老虎就是刃齿虎。

刃齿虎又被称为美洲剑齿虎,属剑齿虎亚科动物。最著名的刃齿虎属生活在距今 300 万至 1 万年前的更新世——全新世时期,与进化中的人类祖先共同度过了近 300 万年的时间。体形最大的刃齿虎与现代虎差不多,也有少数刃齿虎属成员达到洞狮的大小。刃齿虎最吸引人的莫过于它口中的利齿,它的上犬齿比现代虎的犬齿大得多,甚至比雄野猪的獠牙还要大,如同两柄倒插的短剑一般。

▼ 刃齿虎最明显的就是那两颗长长的上犬齿

为什么把刃齿虎叫作"陆地霸主"？

在更新世时期的北美大陆，食草动物种类远比现在丰富得多，食肉动物更是强手如林。除了刃齿虎外，剑齿虎类还有锯齿虎、异刃虎。此外，这里还生活着很多各怀绝技的猛兽，如重达 700 千克且凶猛无比的巨型短面熊，比现代狮子大 1/4 的美洲拟狮，成群结队的恐狼，种类众多的鬣狗类动物以及生存至今的美洲狮、灰狼等。如此多的猛兽聚在一起，即便北美地区食物丰富，它们的生存竞争也异常激烈。

刃齿虎在猎物选择上偏重于猛犸、野牛这样的大型动物，与短面熊、美洲拟狮存在冲突，但它短剑似的剑齿往往能猎捕成功。正因如此，刃齿虎在分布范围和数量上都堪称各种食肉动物之冠，堪称"陆地霸主"。

剑齿虎有什么体态特征？

食肉类动物的犬齿为捕食猎物的一种杀伤武器，正常的情况应该是上下犬齿平均发展，在攻击时能够上下相合，就可以咬死猎物。可剑齿虎的上犬齿演化得如此巨大，而下犬齿又相对退化，根本不成比例。科研人员认为，这样的变化可能是专门用来对付象类等大型的厚皮食草类动物的。如此特殊而长的犬齿，可戳入猎物身体的深处，并且可以尽量地扩大伤口，造成猎物的大量出血而死亡。与此相适应，剑齿虎的头骨和头部的某些肌肉也相应地发生变化，以便口可以张得更大，使下颌与头骨能形成90°以上的角度，这样才能充分有效地发挥这对剑齿的作用。

刃齿虎为什么灭绝了？

刃齿虎的捕食利器——剑齿，就像一把双刃剑，在为它带来食物的同时，也成了它生存路上的一个绊脚石。剑齿是极端特化发展的产物，它大大降低了刃齿虎对环境和猎物的适应性。随着更新世时期各种大型厚皮食草动物的灭绝，使得不善于快速奔跑的剑齿虎也逐渐无法用其长，竞争不过那些比较灵活的并且全面发展的一般食肉类动物。

随着12000～10000年前冰河期的结束和人类的进入，美洲的剑齿虎亚科和其他几乎所有的大型掠食者都在短短两千年间消失了，人们将这次灭绝事件称为冰河时期灭绝事件。关于这次灭绝事件的成因主要假说是气候的转变。我们还不能确定这次悲剧的主要原因，但在剧变来临时，拥有"短剑"般牙齿的刃齿虎走向了灭绝，而那些全面发展的一般食肉类动物，如美洲狮、灰狼等就成了北美仅存的猛兽。

你知道巨猿吗？

现在我们已看不到巨猿了，它已彻底灭绝了。这是一种外形类似猩猩，生存于100万至30万年前的中国、印度及越南的猿，在时间框及地理位置上与几种人科相同。

巨猿是高等化石灵长类中重要的种类，是已发现的现生和化石灵长类中最硕大的一类，它们很可能是世界上最大的猿，其平均重量估计超过200千克，而根据出土的化石记录显示，步氏巨猿站立时可高3米，且重达545千克。它们的形态特征介于猿类和人类之间。据一些科学家研究推断，巨猿有硕大而粗壮的头骨，巨大而强壮的躯干，有比现代人长而粗壮的肢骨，巨猿可能做一定程度的直立行走。

巨猿长有强壮犬牙和巨大的白齿，并有厚厚的珐琅层，高高的齿冠和矮牙尖。

▼ 巨猿的外形类似现在的猩猩

已经灭绝的哺乳动物

27

巨猿是素食者吗？

巨猿长有强壮犬牙和巨大的臼齿，并有厚厚的珐琅层、高高的齿冠和矮牙尖，可是它并不吃肉。根据对其牙齿的化学分析，可推测出巨猿是纯粹的素食者，最喜欢的食物是竹子，偶尔也吃吃树叶和果实。据加拿大科学家一项最新研究显示，大约100多万年前，东南亚（包括中国境内的南方地区）的原始森林中曾生活着一种巨猿。

早期人类曾与这种庞然大物"比邻而居"，一起度过了几十万年。幸亏这种巨猿是素食者，否则人类恐怕就成为它的盘中餐了。

◀ 巨猿

哪里发现的巨猿化石最多？

对巨猿的认识是来自于考古学家发现的巨猿的牙齿化石，迄今为止，世界上发现巨猿化石地点共八处。在中国境外只有两处：1967年在印度北部喜马恰尔邦的多无帕坦发现一个巨猿下颌骨，地层时代是上新世中期，其年代约在三百万年前；在越南平嘉一山洞发现一颗可能是巨猿的牙齿化石。中国境内有六处，除湖北建始高坪龙骨洞外，其余五处都在广西境内，即大新、柳城、武鸣、巴马、田东，可以说广西是巨猿的老家。在柳城发现的巨猿化石是最丰富的，堪称世界之冠。

知 识 链 接

巨猿灭绝之谜

科学家们普遍认为，人类对巨猿的灭绝有不可推卸的责任。有些科学家认为，正是由于巨猿以竹子为主食，没有与人类相抗的利器，才使它们在与人类的进化竞争中失去了优势，甚至最后被逼走向灭绝。

▼ 每过几十年，竹子就有一次集体开花期，这给巨猿的生存造成了极大威胁

已经灭绝的哺乳动物

什么是袋狮?

　　提起有袋类动物，我们当然就会想到澳大利亚，而袋狮同样也曾生活在那里。袋狮所处的时代是上新世至更新世，是澳大利亚有袋类已绝种动物成员中最引人注目的一类。袋狮是澳大利亚最大的肉食性动物，而且是最大的肉食性有袋类。袋狮的最近亲是草食性的袋熊及树熊。这些特征综合起来估计它有可能会攀树，并会保存猎物的腐肉。袋狮肩高 75 厘米，长 1.5 米。它们平均重101 ~ 130 千克，个别的可重达 124 ~ 160 千克。它们的体型差不多像雌狮及小型老虎。

▼ 澳大利亚是有袋类动物的故乡。图为袋鼠

袋狮为什么是下口最狠的哺乳动物？

澳洲大陆的环境与南美洲和北美洲的环境相似，这些地方都曾是剑齿猫科动物的天堂。研究人员对袋狮的头骨进行了分析，并计算出了犬齿咬合产生的力量系数，据说一头100千克左右的袋狮，其咬噬力接近250千克重的现代非洲狮。

据科学家研究，袋狮可能在森林、林地、灌丛带及河谷等

▲ 在袋狮生活的年代，袋熊都沦为其猎物

地进行猎食。在弱肉强食的生物圈，要想生存下去，就必须凶猛，而袋狮很好地诠释了凶猛的含义，据科学研究它是哺乳动物中下口最狠、咬劲儿最强的。这些生活在大约3万年前澳洲的食肉有袋动物的咬伤力几乎与体型相当于它们3倍的现代狮子相同。

已经灭绝的哺乳动物

31

你知道世界上最大的象科动物是什么吗？

　　猛犸象曾经是世界上最大的象。它身高体壮，有粗壮的腿，脚生四趾，头特别大，在其嘴部长出一对弯曲的大门牙。一头成熟的猛犸，身长达5米，体高约3米，与亚洲象相近，门齿长1.5米左右，由于身体肥硕，因而体重可达6～8吨，个别雄性的体重可超过12吨。

　　它身上披着棕褐色的细密长毛，皮很厚，具有极厚的脂肪层，厚度可达9厘米。

　　猛犸象头骨比现代的象短而高，体被棕褐色长毛。从侧面看，它的背部是身体的最高点，从背部开始往后很陡地降下来，脖颈处有一个明显的凹陷，表皮长满了长毛，其形象如同一个驼背的老人。

▼ 猛犸象是一种威猛的长毛象

▲ 猛犸象模型

猛犸象为什么那么耐寒？

　　猛犸象早在更新世时分布于欧洲、亚洲、北美洲的北部寒冷地区，尤其是冻原地带。由于它体毛长，有一层厚脂肪可隔寒，因此它具有极强的御寒能力。

　　猛犸象夏季以草类和豆类为食，冬季以灌木、树皮为食。根据对它们的近亲——现代象的研究，猛犸的怀孕期可能长达22个月，一胎只生育一个后代。他们的社会结构可能与非洲象或者亚洲象相似，雌性生活在由一个雌性首领领导的群体中，同时雄性单独生活或者在性成熟之后生活在松散的小群中。

▲ 气候变暖导致了环境的急剧变化，猛犸象的突然灭绝被视为冰川时代结束的标志

是气候变暖导致猛犸象灭绝的吗?

　　猛犸象在距今约 1 万年突然灭绝，这一事件被视作最近一个冰川时代结束的标志。对于猛犸象的灭绝，人们认为气候变暖是主要因素。科学家认为，气候变化使动物栖息环境发生重大变化，大型动物首当其冲受到影响，并导致其灭绝。

　　《冰河世纪》中憨态可掬的"曼尼"，带领着动物们逃离雪山崩塌、融化之地，一路向北。这种因气候变暖导致的雪山崩塌等现象不是编剧的凭空想象。据英国达勒姆大学科学家领导的一个研究小组对当时北半球气候和植被情况进行模拟研究后提出，在大约 1.14 万年以前，最近一个冰川时代结束、温暖的间冰期开始的时候，全球气候变暖导致许多地区的草原萎缩，森林面积扩大，猛犸象等一些大型食草动物的食物来源急剧减少，最终灭绝，并殃及食物链上的其他物种。

　　除了自然环境之外，一些科学家认为人类的猎杀在猛犸象的灭绝中也起着一定的作用。

猛犸象一直是洞穴壁画的主题，这是北半球被冰原覆盖40%时，人类捕杀这些大型动物的第一个证据。研究显示，1万年前猛犸象在全面解冻期完全灭绝，而人类是肆意捕杀者或许扮演了重要角色。人类与猛犸象同期进化，开始还能与其和平相处，但当进化到新人阶段时，人类学会了使用火攻和集体协同作战去捕杀成群的动物或大型动物，猛犸象就成了主要的狩猎对象。

你知道板齿犀吗？

板齿犀是古哺乳动物的一属，属犀科。它们体型巨大，是有史以来最大的有角犀牛，即使放到整个犀牛家族来说，它们也仅小于无角犀中的巨犀。作为高度特异化的一支犀类，板齿犀身体巨大，额骨上有单一的角，最长的可达2米。其肩高可达3米以上，体长可超过6米（一般大型个体5米左右），体重可达8吨以上（一般大型个体6吨左右）。

板齿犀生存于更新世的东欧（西欧有零星证据发现）及东亚、中亚、北亚等地。关于它的栖息地科学家之间还存在争议。

▲ 根据对板齿犀化石的研究，其最明显的特征是鼻子上的长长的粗壮的独角，这也是其与现代犀牛最明显的不同之处

板齿犀有什么特点？

从化石研究来看，板齿犀是大型的长毛动物，前额有大角，但是却未曾发现角的化石。而基于它们四肢的特点，估计是生活在广阔的草原。此外，由于板齿犀没有犬齿及发展完好的外侧突，显示它们的头部会向外侧移动，可能是吃草的。另外它的齿列亦是高冠齿，显示其食物中有矿物颗粒，而这些颗粒往往都能在湿润泥土的植物中找得到。据此，一部分科学家认为它们生活在干冷草原地带，啃食硬草。

最大及最近期的物种是西伯利亚板齿犀，分布在更新世的俄罗斯南部、乌克兰及摩尔多瓦。它们于上新世晚期的中亚出现，其起源可能与中国犀有关。古板齿犀及裴氏板齿犀生活在上新世晚期至更新世早期的中国东部，估计于 160 万年前消失。

▼ 西伯利亚鸟瞰图

▲ 两只性格暴躁的野马在争斗

你知道欧洲野马吗？

在 200 多年以前，欧洲大陆和北美洲曾广泛分布着多种野马，然而随着时间的推移，这些地区人口数量迅速增长，同时人类也开始了大规模的恣意捕杀活动，使许多野马先后绝迹，欧洲野马就是其中的一种。

欧洲野马和今天的家马很相像，连牙齿的构造也是一样的，但欧洲野马身躯不大。欧洲野马的躯干呈鼠灰色，脸和腿部色泽较深，鬃毛和马尾亚麻色，在背部中脊贯穿着一条深色斑纹，颈鬃半散半竖，大头型，咽部结实，脖子粗壮，暗色的蹄质很坚硬。

为什么欧洲野马不怕狼群？

　　在夏季，欧洲野马十几匹结成一群，由一匹雄马率领，在草原上漂泊漫游，觅食野生植物。每到傍晚，便去湖边饮水，并在附近休息。冬季，它们会季节性迁徙，在冰天雪地里以雪解渴，挖掘雪下的枯草和苔藓充饥，它们有着很强的耐饥渴能力。欧洲野马性情暴躁，在遇到狼群时，它们并不畏惧，而是镇静地等待狼群冲击，有时也会突然发起攻击，向狼群冲去并迅速转过身来扬起后蹄猛踢。因此，狼也不敢轻易侵犯它。

　　欧洲野马虽勇猛敢于与狼群抗争，但在与人类的斗争中，它们最终没能逃脱厄运。面对人们在原野上挖下的层层陷阱及几百人手拿枪械同时围攻，强健的欧洲野马一匹匹地倒下了。到 1876 年，最后一匹欧洲野马被一群贪婪之徒猎杀在乌克兰的原野上。后来俄国探险家普尔热瓦尔斯基在欧洲找了十几年，再也没有发现过欧洲野马的踪迹。

▼ 行走的野马群

什么是高加索野牛？

高加索野牛是栖息在东欧高加索山脉的欧洲野牛亚种。它们在高加索山脉是里海虎、亚洲狮及其他如狼、熊等掠食者的猎物。

高加索野牛与欧洲野牛一样，体型巨大，包括尾巴在内全长有 3.6 米，高 2 米，体重超过 1 吨。它的后腿又长又强健，身体细长，长着美丽的犄角的头高高昂起。它的毛比别的野牛要短，与长毛的美洲野牛相比，它的毛色更明亮一些。

▲ 高加索野牛与欧洲野牛一样体型巨大，勇猛好斗。图为欧洲野牛

高加索野牛是怎样灭绝的？

高加索地区的人在中世纪开始开垦森林，同时不断改进自己的武器。

在 17 世纪，高加索野牛在西高加索的数量仍很丰富。随着人类不断在山区活动，它们的分布地在 19 世纪只剩下十分之一。后来野牛对人类就十分警惕了，一见到人的踪影就躲进茂密的森林里。它的躲避却禁不住人类的不断进攻，到了 1820 年，高加索野

牛只剩下 300 头了，它们孤独地生活在一片森林里。同年，亚历山大一世征服了这片土地，他驱赶农民，由宫廷保护高加索野牛，在第一次世界大战之前，高加索野牛的数量增加到了 700 头。到了 1860 年左右，高加索野牛一度达到了 2000 头。

1918 年，苏维埃革命推翻了俄罗斯帝国，长时间禁止开垦森林的农民又重操旧业，人们又重新开始了对野牛的猎杀。到 1921 年，高加索野牛只剩下 50 头。到 1925 年，高加索野牛只有一头了，且这头野牛不是生活在野外，而是生活在哈根贝克动物园。1925 年 2 月 26 日，这头高加索野牛在德国汉堡死去了，此后人们再也没有见过高加索野牛的身影。

什么是原牛？

原牛是家牛的祖先。原牛体态魁梧，体形远大于一般家牛。一头较大的家牛肩高也只有 1.5 米，但原牛可达 1.75 ~ 2 米，体长 2.8 ~ 3.0 米，尾长 1.3 ~ 1.4 米，体重 800 ~ 1000 千克，双角尖耸。原牛公牛毛色呈黑色，背部有条白线，母牛与幼牛为红褐色。原牛性情凶猛，在古代，能杀死一只原牛是勇敢的象征。

▼原牛是家牛的祖先，它们也以草为食

▲ 牦牛是高寒地区的特有牛种，素有"高原之舟"的美称。图为青海湖边的白牦牛

你知道原牛的生活习性吗？

　　挪威奥斯陆大学研究指出：原牛估计 200 万年前起源于印度，并迁入东亚、中东及北非一带，约于 25 万年前开始转入欧洲大陆，并一度在欧洲大陆广泛分布。在最后的两千年，仅限于欧洲中部。研究表明，原牛与家牛是同一种类。在更新世时期分布最广，曾经东至朝鲜，西至法国，南至印度与埃及，北至北极苔原的边缘。原牛是除爪哇牛、大额牛、牦牛以及水牛外，所有家牛的祖先。与家牛一样，它们的食物主要是青草及部分绿色植物。

　　古罗马统治者恺撒大帝的《黑森林》一书中曾描述：原牛略小于象，色彩独特，体型巨大，速度超群，无论面对人还是兽，它们都不示弱，无法被驯化，就是幼牛也很难被驯服。现今的野牛还保持着其祖先原牛不可驯服的特质。

已经灭绝的哺乳动物

你知道波图格萨北山羊吗？

　　波图格萨北山羊又名葡萄牙羱羊，它们的大小及毛色与西班牙羱羊相近，倾向褐色而非黑斑。它们的角与其他伊比利亚半岛的亚种明显不同，约只有普通西班牙羱羊的角的一半长度及两倍宽度，底部两角较为接近。与其他北山羊一样，波图格萨北山羊也善于攀登和跳跃，蹄子极为坚实，能够自如地穿梭奔驰在险峻的乱石之间。

▼ 北山羊一般都生活在高寒的高海拔地带，且善于攀登、跳跃。图为阿尔卑斯野山羊

▲ 日本倭狼体毛颜色与现代狼无太大差别，只是体型较小，四肢细长

什么是日本倭狼？

日本倭狼又叫日本狼，是狼的一个亚种，体长约 1 米，在狼中是体型最小的，尤其是腿很短，大约仅有 20 厘米。它肩高 50 厘米，体重 25 千克左右，它的吻部长而尖，嘴较为宽阔，眼向上倾斜，四肢细长。它的体毛颜色与其他狼无太大区别，体色为黄灰色，背部杂以棕色、黑色和白色的毛，身上夹杂着少许褐色斑点。尾巴短而粗，毛较为蓬松。

为什么日本倭狼也被称为"吼神"?

日本倭狼作为世界上体型最小、最为稀有的一种狼,曾经居住在日本本州、四国、九州的山林中。在西方国家,人们把狼视为袭击家畜的恶魔,但是日本的阿伊努族人却将其视为追赶那些糟蹋田地的鹿或熊的庄稼守护神。日本倭狼喜欢群居,一般每群数只至 20 只。它们善于奔跑和跳跃,主要以群体方式猎食鹿、野兔等各种食草动物,有时也到溪流中捕食一些鱼类,吃一些死去动物的腐肉。日本倭狼喜欢在晨昏集体嚎叫,此时狼的嚎叫声响彻山谷,因此日本倭狼被日本人称为"吼神"。

日本倭狼是如何灭绝的?

自古以来,狼就被人们视为凶恶无比的动物,人们虽然惧怕它,但依然尊敬它、祭拜它。当地阿伊努人的原始捕猎方式并没有威胁到它们的生存数量,真正使日本倭狼灭绝是在明治时期以后,人类为了毛皮而进行大规模的猎杀,另外,步枪的普及也促使日本倭狼灭绝。

为了皮毛,为了金钱,人类开始猎杀倭狼。同时,人类为了扩大自己的势力范围而侵犯了狼的领地,而倭狼的反抗只是袭击家畜,骚扰村庄,极其软弱无力。日本政府宣布倭狼为"偷羊者",下达悬赏捕捉令鼓励市民捕狼。在与人类的战斗中,日本倭狼没能避免灭绝的命运。随着日本提倡富国强兵政策、工业化、都市化,以及一些西洋犬带来了犬瘟热，一系列的问题将日本倭狼逼上了绝路。1907年，在奈良县的吉野郡鹫家口，人们捕获了一只倭狼，这只倭狼被确认为最后一只日本倭狼。

你知道亚洲猎豹吗？

亚洲猎豹一般体长1.4～1.5米，尾长0.6～0.75米，高约1米，重一般为50～60千克。皮毛短而粗糙，为棕褐色，并散布着小而圆的黑斑。它的头比一般的猫科动物要小，但腿特别长，躯体较瘦，最大特点是鼻子两侧从眼角至嘴角各有一道黑色条纹。

亚洲猎豹曾分布于南亚和中东，它们主要栖息在半干旱沙漠或空旷草原和浓密的丛林中，其捕食猎物的本领是猫科动物中最像狗的一种。它的四足也很像狗，爪子钝，下弯度小，仅能收缩一半。因它腿长、体瘦，因此，它的奔跑速度可达每小时113千米，一次跳跃9.1米，是跑得最快的陆栖动物。它捕食猎物就是靠其冲刺的速度快，一般情况下，猎豹的美食——羚羊、鸵鸟等都很难逃脱。

亚洲猎豹在猎捕食物时十分凶狠，其实它们性情十分温顺，很早以前就有人到野外大量捕捉小猎豹来喂养，但成活率极低。

▶ 亚洲猎豹

已经灭绝的哺乳动物

亚洲猎豹是怎样灭绝的?

　　性情温顺的亚洲猎豹很受达官显贵们的喜爱，因此，在其分布的印度等地，许多有钱人家都养有猎豹，但野生猎豹在当时人工饲养下根本不繁殖。再者，有人为了取其皮毛，毫不顾忌猎豹在自然界中所起的生态平衡的作用，大量捕杀成年猎豹。那些王公贵族们也以猎杀猎豹为乐趣，刚刚出生的小猎豹被人捉走，大猎豹又惨遭捕杀，就这样，亚洲猎豹数量急剧减少。人们开垦丛林、草原，种植庄稼，也毁坏了猎豹的栖息地。栖息地的丧失使它们失去了合适的猎物，缺乏食物的猎豹最终只能迎接死亡的厄运。

　　1930年后，人们在野外看到猎豹的机会越来越少了。1948年，印度境内的亚洲猎豹灭绝了，野生猎豹自此灭绝。目前在伊朗的动物园或保护区内还残存着人工饲养的猎豹，但猎豹的繁殖情况并不乐观。它们属于自然，只有自然才是它们最适合的生活之所。

▼ 印度境内的亚洲猎豹已经灭绝，现今其他国家内的少数的
亚洲猎豹与印度境内的亚洲猎豹属于同一亚种

▲ 如今巴厘岛上再也没有了巴厘虎的身影

巴厘虎生活在哪里?

听这个名字就可以猜到这是一种生活在巴厘岛的动物了。印尼巴厘岛的热带雨林中，水源、食物充足，成了巴厘虎的天然保护区。作为那里的兽中之王巴厘虎，通过猎杀各种当地的哺乳动物为食，可以说在它的活动范围之内，唯一能对巴厘虎造成威胁的恐怕只有人类了。当地印尼人将色彩斑斓的巴厘虎视为一种神灵，甚至还将巴厘虎的头像做成传统的艺术假面具。人和虎在互相敬畏和仰慕中和谐地相处着。

已经灭绝的哺乳动物

巴厘虎是虎种中最小的吗？

　　巴厘虎是已知虎的九个亚种中体型最小的一种，比另外两种印尼岛屿虎——苏门答腊虎和爪哇虎还要小一些。它生活在地球最南端和最靠近赤道地区的热带岛屿。雄虎体长2.1～2.4米，体重90～110千克；雌虎体长2.0～2.2米，体重65～90千克。巴厘虎周身长满橙黄色底、黑色条纹的短毛。与其他种的虎相比，它的条纹数量较少，但颜色也较深，偶尔在条纹之间还会出现黑色的小斑点。巴厘虎的头部也有特别的横向条纹。

巴厘虎是如何灭绝的？

　　人与虎的和谐随着荷兰殖民者的入侵而改变了。这些殖民者入侵到巴厘岛后毫不留情地猎杀巴厘虎，他们的这一恶习也渐渐地传给了当地的印尼人。19世纪到20世纪初，虎在自己的生存地到处遭人袭击，而随着巴厘岛上人口的增加，人侵犯了巴厘虎的生活空间。巴厘虎对人的威胁也进一步增加，许多人就成了巴厘虎的牺牲品。人与虎在这片岛屿中互相敌视着对方。另外有一些贪婪之人，觊觎巴厘虎美丽的皮毛及其有药用价值的骨头，也来到巴厘岛上猎杀它们。

　　在1937年9月27日，一只雌性巴厘虎被射杀后，就再也没有人亲眼看到过巴厘虎威武而矫健的王者身影。有专家认为，即使这只雌虎不是最后一只，在巴厘岛还有残存的零星老虎，它们大概也在 20 世纪 40 年代相继被贪婪的荷兰殖民者或当地居民捕杀，或者因为数量太少无法继续繁衍，最后孤寂地在林中死去。

爪哇虎长什么样？

爪哇虎是除巴厘虎和苏门答腊虎（保护现状极危）外生活在印尼境内的第三种虎的亚种，也是最近期绝灭的一种虎。爪哇虎体长约 155 厘米，肩高约 80 厘米，属于小型热带岛屿虎，是体型第二小的虎。

爪哇虎的体毛颜色有浅黄色、橘红色等。它们巨大的身体上覆盖着黑色或深棕色的横向条纹，条纹一直延伸到胸腹部，条纹纹路很细，经常两条纹路变成一束。雄性爪哇虎全长 2.35 ~ 2.55 米，重 100 ~ 155 千克。雌性爪哇虎全长 2.1 ~ 2.3 米，重 95 ~ 115 千克。

爪哇虎的鼻骨比较长，鼻头一般是粉色的，有时还带有黑点。它的耳朵很短，形状如半圆，耳背是黑色的，中间也有个明显的大白斑。爪哇虎面部的胡须是虎的九个已知亚种里最长的。虎的四肢强壮有力，前肢比后肢更为强健。它们的尾巴又粗又长，并有黑色环纹环绕，尾尖通常是黑色的。

爪哇虎 ▶

爪哇虎有什么特点？

爪哇虎分布在爪哇岛的南部山地丛林中，其视觉、听觉和嗅觉都很灵敏，它们对气候条件不挑剔，只要有隐身处、水和猎物就可以了，并不像豹子那样过分依赖森林。爪哇虎除了在繁殖季节雌雄一起活动之外，其他时间全部独居。

爪哇虎的活动范围较大，一般为 500 ～ 900 平方千米，最大的可达 4200 平方千米以上。当它们巡视领地时，会举起尾巴将有强烈气味的分泌物和尿液喷在树干上或灌木丛中，界定自己的势力范围。有时也会用锐利的爪在树干上抓出痕迹，以界定自己的势力范围。爪哇虎主要捕食野猪、马鹿、水鹿、狍、麝等有蹄类动物，偶尔也捕食野禽，夏秋季亦吃浆果和大型昆虫等。

爪哇虎是如何灭绝的？

在 20 世纪初期，爪哇岛上还生存着近万只的爪哇虎。后来，人类因农业生产侵占爪哇虎居住地，导致爪哇虎数量急剧减少。此外，荷兰殖民者和当地居民为了得到它们的皮毛、骨头和肉，对它们进行疯狂捕杀，致使爪哇虎的数量在 40 年内迅速减少了 8000 多只。

1945 年印尼宣布独立，定都雅加达，爪哇岛上的人口猛增，使需要很大活动范围的爪哇虎无处生息，数量随之一天天减少。20 世纪 60 年代末，数量不足 20 只的野生爪哇虎由于栖息地被破坏和

▲ 在没有人类打扰的爪哇岛上，爪哇虎或许也曾安静地欣赏过爪哇岛上的美景

环境恶化等原因，出现严重的种群隔离情况，相继在孤寂中死去，或者被偷猎者杀害。到 1972 年，只剩下 9 只左右了。世界上最后一只野生的爪哇虎估计死于 1982 年。1983 年 6 月，最后一只人工圈养的年迈的雌性爪哇虎在雅加达的动物园去世了。1988 年，印尼政府正式宣布爪哇虎已于 80 年代（20 世纪）灭绝，这是印尼继 1937 年巴厘虎灭绝之后又一个虎种的绝迹。

什么是新疆虎？

新疆虎是里海虎的一个分支，主要生活在新疆中部塔里木河与玛纳斯河流域，被认为是世界上荒漠地区唯一的虎种。根据记载，人们最初是从博斯腾湖附近获得新疆虎的标本，于1916年正式定名的。

新疆虎的个头仅次于西伯利亚虎（350千克）和孟加拉虎（260千克），属第三大虎。体长一般为1.6～2.5米，尾长约0.8米，平均全长2.8米。一般体重为200～250千克。

知识链接

新疆虎与楼兰古迹

1900年3月28日，瑞典博物学家斯文赫定在我国西北新疆境内首先发现了消失了几个世纪的楼兰古迹，同时还发现了新疆虎化石。他的这一发现说明原来这里水草丰美、森林茂密，因为有虎的地方必定有大片的森林，有大量的食草动物和充足的水源。当时的新疆虎就是在这样良好的自然环境中无忧无虑地生活着。自此，新疆虎与楼兰古城一样受到了世人的关注。

新疆虎有什么活动规律？

俄国探险家普尔热瓦尔斯基是第一个记述新疆虎的人。1876年深秋，深入新疆考察的普尔热瓦尔斯基在塔里木盆地的阿克塔玛村住了8天，参加了猎虎队伍，亲眼见到受伤的老虎走回森林，他形容"那里的老虎就像伏尔加河的狼一样多"。

普尔热瓦尔斯基还详细介绍了新疆虎的活动规律：昼伏夜出，远离人类居住的村镇；走路时非常小心谨慎，不会踩断树枝发出声响；在穿过芦苇丛时，会把头低下像蛇一样爬行；一旦发现猎物，会立刻巧妙地向前靠近，并突然来个十几米远的大跳跃扑向猎物，一跳抓不住，再来较短的第二跳，如三跳仍抓不到猎物，就不再追了。

▼ 新疆虎体型也很庞大，仅次于生活在中国境内的东北虎。图为休憩中的东北虎

已经灭绝的哺乳动物

新疆虎是怎样灭绝的？

　　楼兰曾是"古丝绸之路"上重要的交通枢纽，同时也成了商业、文化交流中心，人口随之猛增。由于人口的增多，急需大量自然资源，这样森林成片被砍伐，草场被耕种，致使河流断流，土地沙漠化严重，繁华的古楼兰逐渐被沙漠吞噬。新疆虎也遭到了空前的劫难。没有了森林，它们就没有了家。大批新疆虎死去了，但仍有一小部分凭借着顽强的生命力在沙漠中仅有的绿洲里顽强地生活。直到 1900 年，斯文赫定发现了它们，这也是现代人第一次知道并认识了新疆虎。之后的十几年中，由于环境的进一步恶化，加之人类的猎杀，新疆虎最终走上了灭绝之路。据考证，人类最后一次发现新疆虎是在 1916 年，在这以后的数十年间，科学工作者曾多次寻找过它们的踪迹，但始终也没发现过。可以说，新疆虎主要是在人类破坏自然环境之后结束了它们的生命历程。

▼ 如今的楼兰只拥有荒凉

你听说过中国豚鹿吗？

中国豚鹿皮毛为黄褐色，腹部和尾巴底部为白色，背部沿脊椎有一道深色条纹。夏毛稍浅，有白色毛尖。幼鹿身上有白斑。

中国豚鹿的腿比较短，身材粗壮，臀部钝圆且较低，乍看与猪的臀部很像，故名"豚鹿"。豚鹿四肢短小，行动时喜欢低着头，所以动作不及梅花鹿敏捷。成年豚鹿体长1米左右，肩高0.6～0.7米，体重50千克左右。雄鹿长有细长的三叉角，但整个角型较水鹿短得多。雌性豚鹿无角。

中国豚鹿的蹄发育良好，没有脚垫，直接触地。夏毛体斑不太明显。夏毛棕黄色，冬毛浅棕色或淡黄色。

▲ 豚鹿喜欢长有蒿草（芦苇）的沼泽湿地

中国豚鹿有什么特点？

中国豚鹿属于豚鹿中仅有的印支亚种，发现于1959—1960年间。它们主要栖于海拔500～800米的江河两岸及其附近长有蒿草（芦苇）的沼泽湿地，很少进入离河岸较远的山地森林活动，也少见于陆地森林。

已经灭绝的哺乳动物

55

中国豚鹿爱吃烧荒后再生的嫩草，也吃芦苇叶及其他的水草，还会偷食大豆、玉米苗和瓜类等作物，还喜欢吃落到地上的花和野果。豚鹿喜欢单独活动，偶尔有两三头聚在一起，但从来不集结成大群。白天，它们躲进树林草丛之中或隐于湿地内高草丛和芦苇丛中，到了傍晚才出来觅食，以苇草的茎叶等为食，尤喜食马鹿草。豚鹿的视觉、嗅觉和听觉都相当敏锐，只是跑得不快。

中国豚鹿是怎样灭绝的？

20 世纪五六十年代，豚鹿在云南耿马、西盟县被发现，当时有十余只。3 年后仅剩 4 只。到了 20 世纪 80 年代末再调查时，在耿马地区已经绝迹，西盟边境地区也未曾出现过它们的身影。

中国豚鹿灭绝的主要原因是栖息环境被完全破坏。20 世纪 70 年代中后期，孟定南丁河地区开办农场，彻底毁坏了豚鹿的栖息环境，豚鹿失去了最基本的生存条件，而当时人们对野生动物种群保护意识淡薄，部分人的猎捕也加速了豚鹿的灭绝。

中国濒危动物红皮书不得不宣布豚鹿在中国绝迹，并注明野生豚鹿在中国的灭绝时间为 1960 年以后。

什么是海南白臀叶猴？

在中国境内灭绝的白臀叶猴又叫黄面叶猴、海南叶猴、毛臀叶猴等，在分类学上隶属于猴科、白臀叶猴属，因为头骨的差异较大，

▲ 从现存的白臀叶猴身上，我们可以窥见海南白臀叶猴的身影

所以与中国广西等地分布的黑叶猴、白头叶猴等不同属。

　　白臀叶猴有长长的尾巴，为白色，尾巴外围是呈三角形的臀盘，也是白色的，因此得名。另外，它们的两臂由肘到腕也为白色。白臀叶猴体长 0.61～0.76 米，尾长 0.56～0.76 米，重 10 千克左右。白臀叶猴的体色绚丽多彩。它除了面黄，臀部、肛门及尾巴均是白色，面颊有一圈白须毛。它的眼睛为深褐色，周围有黑圈。它颈部有白色和栗色的条纹，下颌有红褐色的簇状毛，手和足均为黑色，体毛大部分是灰黑色。

已经灭绝的哺乳动物

海南白臀叶猴有什么特点？

　　白臀叶猴主要栖息在热带森林，为昼行性完全树栖的猴子，并常在树林冠层活动。它们善于跳跃，且动作优雅，跳跃中前臂伸过头顶，后肢先着地，一纵可达 6 米远。白臀叶猴主要以树叶、嫩芽和果实为食，几乎不下地，也很少到水边去喝水，这可能是它能从树木的嫩叶和幼芽中吸取了所需水分的大部分，另外它还能从清晨枝叶上的露珠得到一些水分。平常喜欢群居，既有小群，也有大群。小群一般是 4 ～ 5 只或 8 ～ 10 只，包括 1 ～ 2 只成年雄猴、几只成年雌猴和若干幼仔。

　　白臀叶猴成熟较晚，繁殖率也低。雄性 5 岁才性成熟，雌性为 4 岁，每次只产一仔。

海南白臀叶猴是怎样灭亡的？

　　中国的海南岛地域狭小，那里的白臀叶猴行动诡秘，且数量一直不是很多，因此，很长一段时间，白臀叶猴一直不为人们所知。直到 1893 年 12 月 20 日，德国德累斯顿自然博物馆的一个人给伦敦动物学会写的一封信中，才第一次记述了海南岛有白臀叶猴的存在。他在信中说：他们收到了一只白臀叶猴的标本，是 1882 年在中国海南岛捕获的。这一次的记述也成了最后的一次，因为从那以后直到现在，人们再也没有见到过海南白臀叶猴的身影。

我国动物学家们曾在海南岛进行过多次资源普查，可惜的是，再也没有发现过白臀叶猴的踪影。所以有人怀疑它们早已灭绝了，因此德国德累斯顿自然博物馆的那一只很可能就是最后一只。

台湾岛上最大型的野生动物是什么？

　　台湾云豹，又名乌云豹、荷叶豹、龟纹豹，属于台湾特有亚种的猫科动物，也是台湾岛上最大型的野生动物之一。

　　台湾云豹身长 0.6 ～ 1.0 米，尾长 0.5 ～ 0.9 米，重量在 16 ～ 23 千克。全身淡灰褐色，身体两侧约有 6 个云状的暗色斑纹，这也是它之所以叫云豹的原因。云豹身体两侧的深色的云纹正是很好的伪装，可以使它们在丛林里生活，不容易被人发现。云豹的四腿处斑点往下逐渐缩小，尾部上下均有斑点。清代《福建通志》描述台湾云豹为"色黄而间以黑色"。

▼ 台湾云豹为云豹的一个亚种。图为现存的云豹

已经灭绝的哺乳动物

"爬树高手"——台湾云豹是怎样觅食的?

台湾云豹主要栖息在亚热带茂密的丛林中，还有沼泽地区。由于其属于夜行性树栖动物，因此它白天躲在树上睡觉或隐身于枝叶间，夜晚才出来活动、觅食，很少在地上行走。台湾云豹是爬树能手，爬树时尾巴可起到保持平衡的作用。台湾云豹生性胆小，怯懦怕人，在野外很难见到。

台湾云豹属肉食性动物，它们会捕食树上的猴子、松鼠及鸟类等中小动物。由于它的攀附技术非同寻常，常以一种优雅又惊险的动作捕食动物，比如它能以后腿攀住树木像荡秋千般摇晃，偷袭由地面走的鹿和野猪。它的爪宽厚、有力，拍打猎物异常管用，而犬齿特别长，用来撕碎到口的食物。

▲ 云豹

台湾云豹为什么会灭绝?

台湾云豹在 1940 年以前尚有几千只左右。后来，由于云豹的毛皮美观大方，毛质柔软并富有光泽，是制作皮衣的上等原料，于是当时欧美的一些人非常喜欢用云豹的皮毛做皮衣。加之云豹的骨头可入药，因此在经济利益的驱使下，云豹被大量捕杀。此外，工业社会中人们对森林的大量砍伐，使云豹失去了家园，没有了食物，它们不是被饿死，就是因饥饿而食用了放有毒药的食物而死。

1972 年最后一个台湾云豹倒在了不法分子的枪口之下，从此，云豹便成为动物中的一个美丽过客了。

你知道中国犀牛吗？

中国犀牛是生长在中国的三种犀牛的种群统称，这三种犀牛分别是大独角犀（印度犀）、小独角犀（爪哇犀）和双角犀（苏门犀）。中国犀牛一般体长 2.1 ~ 2.8 米，高 1.1 ~ 1.5 米，重 1 吨左右。它有许多独特的外貌特征：异常粗笨的躯体，短柱般的四肢，庞大的头部，全身披以铠甲似的厚皮，吻部上面长有单角或双角，还有生于头两侧的一对小眼睛。

▼ 谁能想到，犀牛也曾经遍布大半个中国

已经灭绝的哺乳动物

中国犀牛是如何分布的？

根据史料记载，在春秋时期中国犀牛曾广泛分布在大半个中国，到殷商时期犀牛所能到达的北界，或还在殷墟之北的内蒙古乌海一带，经六盘山往东，过子午岭、中条山、太行山，直至泰山北侧，长达 1800 多千米。由于自然气候的变冷和人类的开发活动对它们生活环境的不断破坏，使得它们的栖息地逐年急速缩小。春秋时期的北界，已缩减到了渭南山地、汉水上游、淮河流域直至长江下游；到公元前 2 世纪的汉代，中原已经没有犀牛了。清朝时，它们的栖息地主要集中在云南。

中国犀牛主要栖息在接近水源的林缘山地地区。它们虽然身体庞大，相貌丑陋，却相当胆小，是不伤人的动物。不过，在受伤或陷入困境时它们会变得异常凶猛，这时头上的角就成为利器，不顾一切地猛刺对手。它们虽然体型笨重，但仍能以相当快的速度行走或奔跑，短距离内能达到每小时 50 千米左右。

中国土生土长的野生犀牛已经灭绝了吗？

作为大自然的一员，中国犀牛本该无忧无虑地永远生活在中国南部，可是它们头上的珍贵犀牛角成了它们灭绝的主

◀ 犀牛角酒杯

要原因。自私的人们把犀牛角当成珍贵的药材，同时也将它与象牙一样用来雕刻制成各种精美的工艺品，人们还将犀牛的皮和血入药，在中国宋朝就有用犀牛角的记载。猎杀和栖息地的减少使得犀牛的数量也愈渐稀少，因此犀牛角就越发显得珍贵，人类对其猎杀就更加猖獗。在当时，官方最多时曾出动上千官兵，一次能捕几十头犀牛。1900 年到 1910 年的 10 年间，仅官方和民间进贡的犀牛角就有 300 多支！此后，犀牛就很少能捕到了！

尽管现今人们仍然可以从中国的动物园内目睹和观赏到犀牛，但是，原本土生土长在中国的野生犀牛，却永远一去不复返了。

熊氏鹿为什么又被称为"白臀鹿"？

熊氏鹿又名暹罗鹿，是马鹿的一种，也是马鹿中体型最小的，它体长 1.6 米，肩高 1.3 米，体重 200 ～ 220 千克，是最大北美马鹿的一半。

熊氏鹿的角很大，主枝长度可达 1.1 米，两角之间最大宽距为 1.2 米。它的毛很短，没有绒毛，一般为赤褐色，故有"赤鹿"之称。同时，因臀部白斑较大，所有又有"白臀鹿"之称。

熊氏鹿又名赤鹿。图为赤鹿 ▶

已经灭绝的哺乳动物

63

叙利亚野驴有什么特点？

春夏季，叙利亚野驴会结为小群，以一头强健的雄驴为领队。秋季，它们则自动聚集成几十乃至几百头的大群。叙利亚野驴没有固定栖息地，清晨到有水源处饮水，白天大部分时间在水源附近觅食沙漠植物。

它们具有迁徙性，行走时排成一行，一般雄驴领先，雌驴在后，幼驴居中。叙利亚野驴善于奔跑，时速可达 60 多千米，且能一口气跑 40～50 千米。每年 9 月为叙利亚野驴发情季节。雄驴之间为了争夺配偶会互相争斗，胜利者享受交配权，失败者被驱逐出群，过着孤独的生活。雌驴孕期约一年，两年产一崽，幼驴出生后胎毛一干，便能直立吃奶，几小时后即能四处活动。

▼ 人类的贪婪导致了叙利业野驴的灭绝。西藏野驴现今也属于保护动物，禁止猎杀

叙利亚野驴是怎样灭绝的？

20 世纪之前，叙利亚野驴一直在高原上与当地人民和谐地相处着。可第一次世界大战的爆发不但给叙利亚人民带来了深重的灾难，同时也给叙利亚野驴带来了灭顶之灾，大批野驴在战争的炮火中死去了。随着叙利亚沦为法国的殖民地，叙利亚野驴迎来了末日。法国士兵大规模地猎杀野驴，取食其肉。开始时他们只是用枪对准叙利亚野驴，后来为了更快更轻松地满足自己的欲望，他们架起了大炮，对准驴群进行轰击，叙利亚野驴在那些人的狂袭中死伤遍地。

1930 年，最后一只叙利亚野驴死在叙利亚空旷的高原上，叙利亚野驴灭绝了。

什么是堪察加棕熊？

堪察加棕熊是棕熊中非常大的一个亚种，在欧亚大陆是最大的哺乳动物。其体长 2.4 米，站立时达 3 米，重量平均为 650 千克，雄性仅次于阿拉斯加棕熊，体重可达 780 千克。

堪察加棕熊头大而圆，体形健硕，肩背隆起。被毛粗密，冬季可达 10 厘米，毛皮颜色主要是暗棕色并带有紫色调。堪察加棕熊的头骨十分宽大，最大的雄性头骨长度为 40.3 ~ 43.6 厘米，宽度为 25.8 ~ 27.7 厘米，而雌性的头骨长度是 37.2 ~ 38.6 厘米，宽度为 21.6 ~ 24.2 厘米。

堪察加棕熊有什么特点？

堪察加棕熊栖息在堪察加半岛的密林深处，夏季在海拔较高的山上，春秋两季在海拔较低处，冬季则多在洞中冬眠。密集而矮壮的西伯利亚红松洼地，以及广阔的浆果冻原，生长茂密植被的滨海苔草草甸，都是该物种的理想栖息地。通常在秋天，堪察加棕熊会在堪察加半岛上海拔较高的朝南的斜坡上挖掘窝点。当寒冬来临时，堪察加棕熊就开始了冬眠。它们在每年的10月底11月初进入冬眠，直到次年的三四月，冬眠时处于假睡状态。

▼ 现今生活于野外的棕熊

▲ 鱼是棕熊的美味

堪察加棕熊以吃什么为生？

    堪察加棕熊嗅觉灵敏，奔跑速度也相当快，是杂食动物，它们既可啃食野果、青草，又可捕捉昆虫、鱼、鼠类、蜂蜜、狍、鹿、山羊和野猪的幼仔等。在夏季，蓝莓、岩高兰、驼背鲑鱼和鲑鳟鱼是它们的美食。到了秋天，它们吃螺母松和花楸树的坚果及鱼。

    堪察加棕熊是相当好斗的动物，当它们的领地和食物遭到侵犯时，它们会异常凶猛，狼群和山狮也会乖乖退让。不过，堪察加棕熊的打斗主要集中在交配季节，雄性们为了争夺雌性互不相让。

堪察加棕熊是如何灭绝的？

堪察加半岛接近北极，气候寒冷，一年大多数时间里是冰雪覆盖，当地居民大部分时间以狩猎为主。为了维持生计，他们除了留下部分皮和肉供自己使用外，大部分运到外边出售或换些日常必需品。堪察加棕熊因毛皮质地上乘，且体大出肉量高，在市场上很受青睐，因此，当地猎人一直把棕熊当作首选猎物。

不知不觉中，堪察加棕熊已经很少了。到了 20 世纪初，人们已经很难在寻觅到棕熊的踪迹了。1920 年之后，人类再也没有发现过堪察加棕熊的痕迹。

马鹿中体型最大的梅氏马鹿有多大？

梅氏马鹿是马鹿中体型最大者，身长可达 2.8 米，尾长 0.2 米，肩高 2.7 米，体重 400 ~ 500 千克。成年雄鹿有一对美丽的角，可作为有效的自卫武器。角上有 6 个分叉，角长可达 1.8 米。梅氏马鹿毛为暗红色，腹部颜色较浅，臀部有一浅色斑，背部沿脊柱有一深色条纹。

梅氏马鹿有什么特点？

　　梅氏马鹿生活在美国亚利桑那州和新墨西哥州，它们主要居住在多山地区，以草、细枝、树叶和其他绿色植物为食。雌鹿及幼仔成群生活，雄鹿则单独生活。每年9月，雄鹿便开始寻偶，在自己周围聚集一群雌鹿，此时常发出深沉有力的叫声，以显示自己的威武。

　　由于马鹿性情机警，奔跑迅速，听觉和嗅觉灵敏，而且体大力强，又有巨角作为武器，所以它们也能与天敌熊、豹、豺、狼等捕食者进行搏斗。

▼ 梅氏马鹿是马鹿中体型最大者，比现今的马鹿都要大

已经灭绝的哺乳动物

69

梅氏马鹿为什么灭绝了?

　　美丽是很多人的追求,但自私的人却总想着将世界的美丽之物据为己有。梅氏马鹿美丽的大角很快为贪婪之人所垂涎,很多人将其作为高档装饰品。在人类猎杀之下,梅氏马鹿迅速减少。在过去曾经多达 1000 万头的梅氏马鹿,经过人类近百年的洗劫之后,到 20 世纪初只剩下不足几百头了。躲藏到密林深处的梅氏马鹿,还是没有逃过猎人的枪口。到了 1942 年,梅氏马鹿只剩下几十只了。由于美国政府及时采取了保护措施,并专为这仅剩的几十只梅氏马鹿建立了自然保护区,梅氏马鹿也得以生存,但这也宣布了野生梅氏马鹿的灭绝。

格陵兰岛唯一的大型食草动物是什么?

　　格陵兰驯鹿是格陵兰岛上唯一的大型食草动物,它主要生活在格陵兰岛的西南部和东南部的高地苔原、成熟针叶林区、荒漠、灌丛和沼泽。格陵兰驯鹿是典型的草食性动物,以各种植物为食,吃草、树皮、嫩枝和幼树苗。

　　格陵兰驯鹿是世界上分布最靠北端的鹿科动物。格陵兰驯鹿毛色冬深夏浅,幼鹿有白色斑点。尾巴极短。腿细长,擅奔跑。格陵兰驯鹿雌雄都有鹿角。鹿角扁平,有点像麋鹿的角,长角分枝繁复,有时超过 30 杈,角的生长与脱落受脑下垂体和睾丸激素的影响。过了繁殖季节，角便自下面毛口处脱落，第二年又从额骨上面的 1 对梗节上面的毛口处生出。初长出的角叫茸，外面包着皮肤，有毛，有血管大量供血，分权；随着角的长大，供血即逐渐减少，外皮遂干枯脱落。

格陵兰驯鹿是如何灭绝的？

在格陵兰，驯鹿生活的地方居住着因纽特人。由于气候寒冷，大部分因纽特人从古至今一直是以渔猎来维持生活。19 世纪以前，格陵兰岛上驯鹿成群，除了北极熊偶尔能捕食到它，因纽特人古老的狩猎方式并没有给它的种群带来影响。岛上的居民与各种野生动物都固守着自己的生活方式，自由地繁衍生息着。

1814 年格陵兰岛成了丹麦的殖民地，丹麦人到来后就开始

▼ 格陵兰驯鹿与北美驯鹿一样，都属于草食性动物。图为打斗中的北美驯鹿

已经灭绝的哺乳动物

用各种先进的猎杀工具大量猎杀各种野生动物，驯鹿和北极熊是他们猎杀的主要对象。到了 19 世纪后期，格陵兰驯鹿已经危在旦夕。1950 年，是人类在格陵兰岛上发现驯鹿的最后一年。

▲ 世界最大岛格陵兰岛上的风光

你知道巴德兰兹大角羊吗？

巴德兰兹大角羊虽然体形较大，却可以非常敏捷地在陡峭的山上行动，甚至攀登悬崖。其最显著的体态特征莫过于头上巨大的犄角。犄角粗大弯曲，两个犄角正好将大角羊的头部围在其中，成为大角羊的有力武器。

巴德兰兹大角羊从落基山脉缓缓迁移，最后到达美国南、北达科他州岩石裸露的荒山巴德兰兹。巴德兰兹大角羊与其他大角羊一样以草和灌木为食，善于攀爬陡峭的山岩，这样它们可以躲避天敌的追踪。大角羊的天敌主要包括郊狼、雕、美洲狮。

　　巴德兰兹大角羊与落基山脉的大角羊一样，长着巨大犄角的公羊处于优越地位，独占所有的母羊。

▼ 巴德兰兹大角羊与现在的大角羊一样拥有一对大大的羊角

已经灭绝的哺乳动物

巴德兰兹大角羊是怎样灭绝的？

巴德兰兹大角羊那巨大的犄角是北美人的最爱，他们喜欢用这犄角作为室内装饰，人人都希望得到它。巨大的犄角对于大角羊来说是福亦是祸。

当地土著人常常在头上戴着大角羊的犄角冒充公羊以接近和捕捉大角羊。随着大量移民的到来，猎枪和家畜夺取了它们的生存地。到了1880年，移民终于扫荡了巴德兰兹大角羊的生存之地，使其无处可逃。当巴德兰兹大角羊濒临灭绝之时，人们才开始设想在动物园内繁殖大角羊，使其不致全部灭绝。人类的保护来得太晚了，在南达科他州直到1920年还可以见到巴德兰兹大角羊的足迹，但1925年之后人类再也没有见到过它们的身影。

▲ 大角羊

唯一一个已灭绝的鼬科动物是什么？

缅因州海鼬仅生活在美国缅因州的海岸一带，它是鼬科中唯一生活在海里的动物，是唯一一个已灭绝的鼬科动物。它的体长一般为 0.30 ～ 0.53 米，尾巴粗壮，长 0.20 ～ 0.25 米，体重 2 千克左右。它的皮毛厚密黑亮，前足短小，后足有蹼，呈扁平状。

缅因州海鼬白天成群生活在一起，很少到深海中去，夜间就在岸边休息，也很少到离岸边很远的陆地上去。海里的各种鱼类、贝类都是它们的食物，偶尔它们也会吃些海草。由于四肢短小，它们在陆地上行动笨拙，只有在海里，它们才身体灵活、行动敏捷，只要是被它们发现的鱼类都很难逃脱。

每年的 3 ～ 4 月是缅因州海鼬的繁殖季节，孕期 50 天，每胎仅产 1 仔。由于幼崽出生之际缅因州还很寒冷，因此幼仔出生后的 1 个月内都被母海鼬紧紧抱在怀中，这段时间雄海鼬会给母海鼬寻找食物。

▼ 缅因州海鼬是鼬科中唯一生活在海里的一种。图为陆上的野鼬

已经灭绝的哺乳动物

缅因州海鼬灭绝的原因是什么？

缅因州海鼬皮毛细密黑而亮丽，保暖性能极佳，可称得上世界上最珍贵的一种皮毛。也正是这身华丽的皮毛使它们招来了灭绝之灾，在很早以前它们的皮毛制品就已经成了世界各国皇族和贵族的专用品。为了得到它的皮毛，人们开始大量捕杀它。到 19 世纪中期时，缅因州海鼬就已经很少了，而它的皮毛制品价格也随之越来越高，一些人为了获得暴利依旧对它们进行捕杀。缅因州海鼬到 1880 年就销声匿迹了，人类只能从珍藏的少量海鼬的

▲ 在很早之前，华丽的皮衣是皇族、贵族们身份的象征

皮毛制品中知道它们曾经在地球上生活过。

你知道墨西哥灰熊吗？

墨西哥灰熊是棕熊的一种，它因毛色棕灰而得名，曾在墨西哥大部分地区都有分布，是墨西哥最多的野生动物之一。墨西哥

灰熊属于棕熊中体型较小的一种，一般体长1.5米，身高0.6米，体重120千克。

墨西哥灰熊栖息在树林中，和其他棕熊一样，夏季生活在海拔较高处，春秋生活在海拔较低处，冬季冬眠，树洞、岩石等都是它们冬眠的场所。它们虽属食肉兽，但却已经退化成杂食性，主要以素食为主，青草、树根、种子、野果是它们吃得最多的食物，与其他棕熊一样，最喜欢吃蜂蜜。

墨西哥灰熊虽平时行动迟缓，但嗅觉和听觉灵敏，奔跑速度相当快，一有敌情便能迅速逃避。每年的春末夏初，是墨西哥灰熊的发情季节，虽然它们平时各有自己的领域范围，但发情季节雌雄会结伴生活在一起。墨西哥灰熊每胎产2仔，刚刚出生的幼仔无毛，为粉红色，只有0.3千克，与体型庞大的父母相比，实在是小得可怜。

▼ 灰熊属棕熊的一个亚种，体型庞大，毛色棕灰或棕黄色

已经灭绝的哺乳动物

墨西哥灰熊是如何灭绝的？

19 世纪，在墨西哥的森林中还随处可见灰熊，但进入 20 世纪后，随着人口数量的增加，人们开始扩张生活范围，大量砍伐森林建立农场、牧场。墨西哥灰熊因失去家园而无处觅食，不得不进入农田偷食农作物，当地人开始了捕杀灰熊的运动。

随着人们的大量捕杀，到 20 世纪 50 年代，灰熊已经所剩无几。而此时人们注意到了灰熊的胆、掌、肉的经济价值，仅剩不多的灰熊遭到了人类最后的疯狂捕杀。到 1964 年，墨西哥灰熊终于被人类赶尽杀绝，从此墨西哥再也找不到灰熊的踪迹。

北美最小的狼是什么狼？

墨西哥狼是北美最小的狼，身长 1.3～1.6 米（鼻子到尾巴），肩高 60～80 厘米，体重 25～40 千克。体色一般黑色、灰色相杂，在所有狼中具有最长的鬃毛。这种狼机警、多疑。其模样同狼狗很相似，但比狼狗凶猛，四肢强壮，只是眼较斜，口稍宽，尾巴较短，且从不卷起而是垂在后肢间，耳朵竖立不曲。狼的皮毛颜色大都是上部颜色较深，呈黄灰色，混杂着黑色毛，下部颜色较浅。狼有尖锐的犬齿，能将食物撕开，几乎不用细嚼就可大口吞下，臼齿也已经适应切肉和啃骨头的需要了。狼的视觉、嗅觉和听觉十分灵敏。墨西哥狼喜欢栖息于山地森林、草原和灌木丛中，是非常社会化的动物。

▲ 墨西哥狼寂静多疑

墨西哥狼有什么特点？

墨西哥狼主要分布于美国西南和墨西哥西北部的崇山峻岭之中。从马德雷山脉和毗邻的墨西哥西部的台地地区，向南延伸至美国亚利桑那州东南部（堡鲍伊）、新墨西哥州（哈奇）、得克萨斯州西南和西部（堡戴维斯），北至墨西哥山谷。在1900年前，墨西哥灰狼分布于整个中亚。

墨西哥狼集群或单独活动。食物成分很杂，在野外墨西哥狼主要猎食野生的白尾鹿，也会吃麋鹿、家畜、叉角羚、兔、西貒及其他细小的哺乳动物。正是因为它们对家畜的捕食，才遭到人类的大量捕杀，现已是濒危物种。

已经灭绝的哺乳动物

墨西哥狼是存在于墨西哥中部山区的一个独特亚种。它们的出现表明古代墨西哥人、阿兹克人和印加人有对犬进行育种的能力。狼群有领域性，且通常也都是其活动范围，墨西哥狼狼群的大小变化很大，常因季节和捕食的情况不同而改变。一群狼的数量为 5 ~ 12 只，在冬天寒冷的时候最多可达 40 只左右，通常由一对优势配偶领导。狼群相互之间很少接触。

成年的墨西哥狼只会为生育而交配，其繁殖期为每年的 2 月中旬和 3 月中旬，妊娠期 63 天。每窝产仔 4 ~ 6 只。

▼ 墨西哥狼有尖利的犬齿，可轻松将食物撕开

纽芬兰白狼为什么被称为"梦幻之狼"？

　　纽芬兰白狼又称北美白狼，它们生活在人烟稀少的纽芬兰岛的荒山上。这是一种体大、头长的狼种，全身为白色，只有头和脚呈浅象牙色。纽芬兰白狼长达 2 米，重逾 70 千克，可以称之为"巨狼"。纽芬兰白狼总是成双成对厮守，终生相亲相爱。

　　有人把纽芬兰白狼美丽的白毛和柔美的身段加以诗意的想象，称它为"梦幻之狼"，不过在大雪中白色无疑是最完美的保护色。它们晚上觅食，一次可远行 200 千米。纽芬兰白狼和北半球的狼一样成群结队，公狼和母狼成双成对。他们常常多个家族在一起生活。春夏之季是它们的繁殖季节，它们把生儿育女的洞穴挖在荒山的裂缝下面。

纽芬兰白狼原生活在加拿大土著人贝尔托克人的领地内,它们与贝尔托克人和谐相处,千百年来互不敌视、互不干预,因此,纽芬兰白狼又被人称为"贝尔托克狼"。随着欧洲白人的到来,纽芬兰白狼平静的生活被打破了。

纽芬兰白狼是如何灭绝的?

纽芬兰白狼生活在加拿大土著人贝尔托克的领地内。在欧洲人征服新大陆的过程中,纽芬兰白狼从天然的居民变成了"贪婪的魔鬼"。英国政府曾悬赏贝尔托克的人头,1800 年,英国用"现代文明"的枪炮征服了纽芬兰,消灭了贝尔托克人,继而开始对纽芬兰白狼下毒手,因为纽芬兰白狼总是袭击他们的家畜。

1842 年,英国以保护驯鹿不受狼威胁为由,下令悬赏捕杀和毒杀纽芬兰白狼,公狼、母狼、大狼、小狼一律格杀勿论。纽芬兰白狼聪明坚韧,昼伏夜出,而且茫茫冰雪完全掩盖了它

▼ 狼族们大多生活于高寒地带,或许在这些人迹罕至的雪原上,它们才有安全感吧

们的行踪，猎杀颇为不易。于是英国人开始用毒药注射在纽芬兰白狼喜爱的食物上，以此毒杀纽芬兰白狼。人们在鹿的尸体中注入马荀子碱，放在纽芬兰白狼可能经过的地方，这样无论是公狼、母狼还是狼仔都无法逃脱厄运。这种投毒方式不仅害死了纽芬兰白狼，别的野生动物往往也不能幸免于难。不久，纽芬兰白狼遭到毁灭性打击。

1911 年，世界上最后一只活生生的纽芬兰白狼被枪杀，它们成为北美洲许多灰狼亚种中第一个灭绝的亚种。20 世纪初北美地区还有 20 种狼，现在只剩下 7 种了。

所有狼中体型最大的是什么狼？

基奈山狼是生活在高寒地区的大体型狼，它曾是所有狼和犬科动物中体型最大的动物，全长 2.0 ～ 2.2 米，肩高 0.9 ～ 1.1 米，体重 70 ～ 105 千克。比现存最大的犬科动物北极狼还要重上 10 千克。

基奈山狼全身毛色主要为灰色，稍带些白色和黑色。体型匀称，四肢修长。它面部长，鼻端突出，耳尖且直立，嗅觉灵敏，听觉发达。毛粗而长，一般不具花纹。前足 4 ～ 5 趾，后足一般 4 趾；爪粗而钝，不能伸缩或略能伸缩。尾多毛，较发达。善于快速及长距离奔跑，多喜群居。

在寒冷的天气中，狼可以减少血流接近皮肤，以保存体温。脚掌垫保暖的调节独立于身体其他部分，当掌垫接触冰雪时，可以维持在略高于组织冻伤的温度。

佛罗里达黑狼是怎样生存的?

佛罗里达黑狼生活在北美洲东南部的深山老林里。常常在树根、河岸等处作窝。在土著人心目中,它们是神秘信仰的象征。

佛罗里达黑狼平常在夜间觅食,只捕食兔、海狸、老鼠等小型哺乳动物。它在自己的势力范围内每隔一周或者是 10 天换一个地方觅食。它与北半球的狼不同的是很少成群结队,就像过去的日本狼一样,公狼与母狼共同养育小狼。

白人移民者为什么要灭绝黑狼?

自从白人移民者到来之后,土著居民的信仰和佛罗里达黑狼的种群,都遭到毁灭性打击。白人强迫当地土著信仰基督,谁不服从,便有可能遭到杀害。至于黑狼,更是被视为"野蛮宗教的象征",恨不能一夜之间消灭殆尽。1910 年,狼群在连番追杀下已经穷途末路。由于饥饿,它们开始冒死与人争抢食物。1917 年,最后一只佛罗里达黑狼被击毙。它还是一只狼崽,是这个种族的最后一个孩子。

你知道德克萨斯红狼吗?

红狼的耳朵较其他种类的狼耳朵要大些。

德克萨斯红狼生活在墨西哥沿岸，但不能确定它们的足迹究竟向内深入到哪里。野兔、海狸鼠、田鼠、鱼等一些可以捕获的东西都是德克萨斯红狼的食物，偶尔它们也吃一些昆虫和浆果。

德克萨斯红狼的隐蔽性很强，通常在夜晚出来捕猎。因为要与灰熊、美洲虎等竞争猎食，德克萨斯红狼的捕猎就显得非常困难。每年的 2～3 月是它们的发情交配期，孕期为 60～63 天或更长一段时间，一胎平均产仔 5 个。幼仔 3～6 个月断奶，然后就跟随它们的母亲学习打猎技巧和野外生存的本领，一直到它们可以离窝独自谋生。

▼ 野兔、田鼠等一切可以捕获的东西都是德克萨斯红狼的食物

已经灭绝的哺乳动物

德克萨斯红狼是怎样灭绝的?

为了发展农业,美国的农场主大量开荒造地,甚至大片的森林也被开垦出来,当地生态环境在很短的时间内遭到了极大的破坏,德克萨斯红狼栖息地急剧减少。同时,畜牧业的发展使得德克萨斯红狼成了美国农场主的死敌,红狼不断被猎杀。由于数量锐减,德克萨斯红狼在找不到同类的情况下,开始与其他种类的狼杂交,从而引起了种群性消退。1970 年,最后一只纯种的德克萨斯红狼去世,德克萨红狼从此灭绝。

◀ 红狼

生活在地球最南端的狼是什么狼?

福岛胡狼,是一种原生活在阿根廷南部马尔维纳斯群岛的犬科动物,因离南极洲较近,故也被称为南极狼。福岛胡狼的模样同狗很相近,只是眼角斜,口稍宽,吻尖,尾巴短些且从不卷起,垂在后肢间。为了生存,福岛胡狼在长期的进化过程中变得犬齿尖锐，能很容易将食物撕开，几乎不用细嚼就能大口吞下；臼齿也已经非常适应切肉和啃骨头的需要。福岛胡狼的毛色随气温的变化而变；冬季毛色变浅，有的甚至变为白色。

　　福岛胡狼可以说是世界上生活在最南端的犬科动物。马尔维纳斯群岛海岸曲折，潮湿多雾，岛上的草原广阔，并且水草丰美。到了18世纪末，这里的畜牧业已经相当发达。这里广阔的草原和种类繁多的食草动物和啮齿类动物也给南极狼提供了良好的生活空间及食物来源，但福岛胡狼有偷食羊和家畜的习性，因此当地牧人对福岛胡狼十分厌恶，这也就成为导致当地胡狼灭绝的主因。

▼ 如今的马尔维纳斯群岛上再也没有胡狼的身影了

已经灭绝的哺乳动物

87

马尔维纳斯群岛胡狼是怎样灭绝的？

本来狼在人们心目中就是难以驯化、野性十足的嗜血之物，加之马尔维纳斯群岛胡狼有偷食羊和家畜的习性，这样增加了当地牧人对马尔维纳斯群岛胡狼的厌恶。为了使自己的利益不受损害，牧人们就纷纷联合起来，开始捕杀马尔维纳斯群岛胡狼。

1833 年，英国对马尔维纳斯群岛的霸占更加速了胡狼的灭亡。英国人和当地牧人联合起来用枪支对付马尔维纳斯群岛胡狼。一声声的枪响是一个个生命的消逝。到 1875 年，马尔维纳斯群岛胡狼已经被当地的牧人和英国人彻底消灭了。

大自然总有其造物的规则，每一生物都是自然生态中不可缺少的一环。马尔维纳斯群岛胡狼灭绝了，牧人们迎来了牲畜的大丰收，但是这些动物因为没有了天敌，迅速繁殖，草场因过度放牧而被破坏，大片大片的土地被沙化，人类反而因自然环境的恶化而失去了原来的生存之地。不要小看这些自然生物，人类与它们往往相依相存，对这些生物的赶尽杀绝就是人类的自我戕害。

你知道体型像大老鼠的指猴吗？

指猴因指和趾长（中指特长）而得名。其体型像大老鼠，体长 3.6 ～ 4.4 厘米，尾比体长，为 5 ～ 6 厘米，体重 2 千克。

指猴头大，嘴圆而钝，耳朵非常大，膜质；除大拇指和大

▲ 可爱的指猴，如今它们都在人类的保护下生活

脚趾是扁甲外，其他指、趾都有尖爪；牙齿结构与鼠相似。

　　它身体纤细，四肢短小，腿比臂长。体毛粗长，深褐至黑色，脸和腹部毛基白色。尾毛蓬松，毛长达1厘米，黑或灰色形似扫帚。其跳动时与袋鼠极为相似。

为什么把指猴叫作"树木的医生"？

　　指猴只生活在非洲东南沿海的马达加斯加岛。在1780年法国探险家初见指猴时，还以为它是松鼠的一种，直到1860年，经分类学家解剖验证，才知道它是灵长类动物。

　　指猴栖息于热带雨林的大树枝或树干上，在树洞或树杈上筑球形巢。具夜行性，白天躲在树上睡觉，夜间单独或成对出来活动。

其食物以昆虫为主，还喜食甘蔗、芒果、可可，在饲养条件下亦吃香蕉、枣和鸡蛋。取食时常用中指敲击树皮，判断有无空洞，然后贴耳细听，如有虫响，则用门齿将树皮啮一小洞，再用中指将虫抠出。吃浆果时也是用中指将水果抠一个洞，从中挖出果肉。由于指猴最喜欢吃树皮下或枯树上虫卵、幼虫、小甲虫，因此起到了啄木鸟的作用，又被称为"树木的医生"。

野生指猴灭绝的原因是什么？

由于指猴的叫声凄厉，如同哭声一样，在夜晚令人毛骨悚然，还有指猴体黑面灰，黄色的眼珠在夜色中发生神秘的幽光，行动时一跳一跳如同鬼怪，对人又有一定的好奇心。当地人认为如果指猴跳到自己的身上，便预兆死亡，因此，指猴被认为是不祥之物，遭到人类的捕杀。

指猴长长的手指很是特别。在夜晚它们的眼睛能发出神秘的幽光

▲ 斑驴实际上是草原斑马的亚种，前半身像斑马，而后半身没有条纹，呈灰黑色

斑驴是马与斑马的南非亲戚吗？

斑驴，又叫半身斑马、拟斑马、半身马，它前半身像斑马，后半身像马，生活在南部非洲。斑驴实际上是草原斑马的亚种，它的身体后半部为黑色，而腹部和四肢却为白色。

这种动物已在 100 年前灭绝。斑驴身上的条纹不像斑马那样遍布全身，只是头到身体的前半部有条纹，并且脖颈上的条纹延伸到它短而立直的棕毛上。斑驴脖子长，头也长，而耳朵却非常短小。斑驴的眼在脑颅的后方，这使它视野开阔，白天的视觉非常敏锐，夜晚也可和狗、猫头鹰的视觉相媲美。斑驴一般体长 2.7 米，尾巴近 1 米，重约 410 千克。

已经灭绝的哺乳动物

91

▼ 地球上最富饶的动物避难所——非洲大草原

斑驴为什么很少被天敌捕食？

斑驴生活在非洲广阔的草原地带，主要以草为食，也食树皮、树叶、芽、果实和根。不论白天和黑夜，它们都要觅食，觅食要耗去一天60%以上的时间。斑驴没有永久性群体，虽也常见暂时聚集，但大多成年公驴是在很大的领域范围内独自生活。在自然界中。斑驴常和牛羚、鸵鸟混群吃草，并一同作战，抵御共同的敌人——狮子。在宽阔的草原上对付捕食者的偷袭谈何容易，几种动物组合之后，凭借鸵鸟的视力、牛羚的嗅觉、斑驴的听力，相互取长补短，所以能够有效御敌。正因为如此，斑驴才很少被天敌捕食。

斑驴是怎样灭绝的？

斑驴由于肉质鲜美，且出肉量高，因此一直是非洲人主要猎食的对象，但原始狩猎方法并没有给斑驴群体以致命打击。

19世纪初期，欧洲人的到来才给斑驴的生存带来了威胁。欧洲人并不像当地人那样喜食斑驴肉，而是看中了斑驴亮丽的皮毛。他们大量猎杀斑驴，剥下皮做成标本运回欧洲市场出售，当时欧洲人看到如此美丽的动物都备感兴趣，于是许多人收购斑驴标本，一时斑

▶ 人类在利益的驱使下开始了对斑驴的猎杀

驴标本价格昂贵。由于利益的驱使，也使更多的人来到非洲猎杀斑驴，使斑驴数量进一步大量减少。

到了 19 世纪 70 年代，斑驴已经所剩无几了，这时欧洲人就捕捉活斑驴运往欧洲，试图人工饲养繁殖。到了 1880 年，人们再也捕捉不到野生的斑驴了，而运到欧洲的活斑驴因不适应当地的生存环境一个接一个地死去了。世界上最后一头斑驴是饲养在荷兰的阿姆斯特丹动物园的一头雌驴，她孤苦伶仃地活到 1883 年，便无可挽回地走向了灭绝。从此，地球上再也没有斑驴的踪迹了。

什么是阿特拉斯棕熊？

阿特拉斯棕熊属于棕熊中体型较小的亚种，只有一百多千克重，比棕熊中最小的叙利亚棕熊（不足 90 千克）稍大些，比美洲黑熊略小些，是唯一生活在非洲的熊类，曾被当作独立的物种。它有一张很短的脸，口吻和爪比美洲黑熊短，身体粗壮。有蓬松的黑棕色皮毛，有的喉咙处有白色的皮毛，背部黑褐色，胸腹部橙色或红褐色，皮毛很厚，为 100 ～ 130 毫米。

◀ 阿特拉斯棕熊与其他大多数棕熊一样有着蓬松的皮毛。图为处于休息状态的棕熊

▲ 非洲大陆广袤的草原、森林中再也没有了阿特拉斯棕熊的身影

阿特拉斯棕熊有什么特点？

    阿特拉斯棕熊栖息于阿特拉斯山脉和邻近地区的森林中。阿特拉斯因紧靠地中海，所以气候湿润，森林广袤，为棕熊和其他野生动物提供了良好的生存空间。几个世纪以来，阿特拉斯棕熊一直在那里安逸地生活着。

    阿特拉斯棕熊胃口极好，是杂食动物，主要吃橡实和坚果，也吃植物、昆虫、鱼类、鹿、羊、牛，以及腐肉、鸟和鸟蛋。通常，阿特拉斯棕熊不会主动攻击人，但是带着幼崽的母熊或是受伤的熊会变得异常凶猛。

    它们在每年的 6 月份交配，雌雄在一起只相处 3 个星期即分手。小熊刚出生时未睁眼，无毛，无牙齿，体重不足 450 克。幼熊要在母熊的照料下生活两年才能离开。

阿特拉斯棕熊是如何灭绝的?

　　由于阿特拉斯地区物产丰富，因此这里一直是欧洲列强的必争之地。特别是阿尔及利亚，早在 16 世纪即沦为奥斯曼帝国的一个省。欧洲列强到来以后，不但欺压当地人民，还掠夺各种自然资源，野生动物当然也成了他们掠夺的对象。他们大量捕杀各种野生动物，把皮和肉运回欧洲市场出售。棕熊因肉质鲜美，皮毛用途广泛而遭到了毁灭性的捕杀，不论成年的、未成年的、雄的、雌的，见到就杀。1870 年在摩洛哥的里夫山区，最后一只棕熊被猎杀，此后人类再也没有发现过阿特拉斯棕熊。随即这种在北非生存了长达几千年的熊类宣告灭绝，非洲大陆至此熊迹全无。

你知道尾端长刺的西非狮吗?

▼ 西非狮与其他狮子一样，雄狮有明显的鬃毛

　　西非狮同现在非洲狮一样，体重120～250千克，体长1.4～1.92米。区别于其他猫科动物的是，西非狮雄狮有明显的鬃毛。

　　西非狮体型大，躯体均匀，四肢中长，趾

行性。头大而圆，吻部较短，视、听、嗅觉均很发达。犬齿及裂齿极发达；上裂齿具 3 齿尖，下裂齿具 2 齿尖；白齿较退化。西非狮皮毛柔软，常具显著花纹。前足 5 趾，后足 4 趾；爪锋利，可伸缩（猎豹属爪不能完全缩回）。尾较发达，尾端有角质刺，这也是其区别于其他狮类的显著特征。

▶ 贪婪的人类曾一度将西非狮当作狩猎和取乐的工具，现在的人类还通过驯化狮子显示自己的"智慧"

西非狮是如何灭绝的？

狮子在动物界中一直被视为百兽之王，可是人类并没有把它们放在眼里。早在 16 世纪，欧洲人就踏上了西非和北非。到那里后，他们经常进行狩猎活动，并把猎杀狮子视为最隆重的狩猎活动，是显示勇敢和技巧的行为。狮子在这些人的贪婪与胜利的欢笑声中一个个地倒下去。人类不但猎杀成年的狮子，幼狮也被捕捉，然后带回欧洲，卖给那些有钱人及王公贵族。随着欧洲人的不断猎杀、捕捉，狮子在西非、北非一天天地减少，到了 1865 年，最后一个西非狮也倒在了枪口之下，西非狮从此灭绝。

已经灭绝的哺乳动物

97

北非狮是地球上最大的狮子吗？

北非狮又叫巴巴里狮，曾是地球上最大的狮子，也是唯一产于非洲北部的狮子。它们是狮子中的知名亚种和最早被欧洲人所认知的狮子，也是北非食肉动物的三巨头之一。北非狮具有和其他狮子显著不同的特征。它们的头骨要比其他狮子亚种粗壮厚实，眶后间距特别狭窄。北非狮的生活习性同老虎类似，倾向于独居，不如其他亚种的狮子那样喜欢结群活动。其食物以草原哺乳类动物为主。

北非狮身体全长 3 米左右，比现在生活在地球上的狮子要长 40 厘米左右。体重 230 千克，曾经是地球上体型最大的狮子之一。其毛色发灰，皮毛长而蓬乱。雄狮的鬃毛遍及头颈，蔓延到后背和腹部。鬃毛颜色随生长部位不同而变化，从头颈开始，越向后颜色越深。雌狮和幼狮的颈部、前腿后侧、腹部也长有长毛。从外观上看，北非狮比现在的狮子更具王者风范。

▼ 北非狮比现在的狮子要长 40 厘米左右

▲ 罗马斗兽场不仅仅是角斗士们的纪念场所，而且还是来自非洲的狮子们的纪念地

北非狮是因为罗马人斗兽而灭绝的吗？

在罗马帝国时代，北非狮被大量抓到古罗马斗兽场去当作斗兽之用，用来满足罗马人的杀戮和争斗欲望。在罗马帝国灭亡后，它们的数量大大地减少了。此后，随着人类对北非自然环境的破坏，它们的栖息地日益缩小；同时对人类构成"威胁"也越来越大，因而始终受到人类的打压和捕杀。到了20世纪初，除了摩洛哥境内寒冷的阿特拉斯山区残存着一个北非雄狮种群外，其余的都已灭绝。即使在那种人烟稀少的地方，它们也只是得到了片刻的喘息。到了20世纪20年代末，这一小片避难所也没有躲过人们的枪口，1922年最后一只野生的北非狮被人类射杀，北非狮从此销声匿迹了，人类只能从图画或有限的影像中来欣赏它那王者风范了。

你听说过昆士兰毛鼻袋熊吗?

昆士兰毛鼻袋熊是澳大利亚特有的动物。其四肢粗短,属于矮胖体型,前肢的趾头长,趾甲坚硬,常用以在地面挖食植物的根茎及挖洞筑巢。

昆士兰毛鼻袋熊雄性体长1米左右,身高约0.35米,体重约35千克,雄性的体长和体重都要超过雌性一点。尾长0.6米,体毛颜色通常呈褐色,夹杂着灰色、淡黄色和黑色的斑点,非常柔软和光滑,鼻子上覆盖着一层褐色的毛。昆士兰毛鼻袋熊非常强壮,腿脚有力,爪子锋利。

▲ 与现在的袋熊相比,昆士兰毛鼻袋熊的毛更细腻、柔软、光亮

昆士兰毛鼻袋熊是食草动物吗?

昆士兰毛鼻袋熊分布在澳大利亚昆士兰州东部、南部和中部的半沙漠化草原地区。它的长相看起来很凶猛,但它是地地道道的食草动物。

昆士兰毛鼻袋熊的牙齿一生都在生长,这个特征类似于啮齿动物,和许多有袋动物一样。昆士兰毛鼻袋熊也喜欢在夜间活动,但通常在晨昏活动得比较频繁一些。它们活动时并不结伴而行,而是独来独往,但不在乎与同类共享洞穴。

昆士兰毛鼻袋熊的采食非常特别,它们总是习惯于在洞穴的

▼ 草原是有袋类动物生活的根基,没有了草原它们就没有了家

已经灭绝的哺乳动物

101

出入口附近吃"窝边草"，不会离开洞穴很远。也许正因为如此，它们的洞穴规模出乎意料地庞大，纵深竟能达到800米左右，出入口也有好几个。

昆士兰毛鼻袋熊的幼仔通常在比较湿润的季节，即11月至第二年4月出生。与其他有袋类动物一样，昆士兰毛鼻袋熊刚出生的时候没有发育完善，因此幼仔要在育儿袋中待上将近一年，一年以后，小昆士兰毛鼻袋熊才能真正独立生活。

昆士兰毛鼻袋熊的灭绝

知识链接

由于澳大利亚人口的增长，垦荒、放牧等不断发展，人类往往将这些动物的栖息地据为己有。因栖息地遭到破坏，加之和家畜争夺食物而遭到捕杀，昆士兰毛鼻袋熊的生存环境每况愈下。到1900年时，昆士兰毛鼻袋熊就已经灭绝了。

你知道纹兔袋鼠吗？

纹兔袋鼠体长0.4～0.46米，尾长0.35米左右，体重2～3千克。它的体毛较长，浓密且柔软，体色呈浅灰，并因带有黑色的条纹而著名。

它们的吻短。毛长，呈灰色，有黄色及银色斑点。下身呈浅灰色，面部及头部颜色一致，都是呈灰色。背部中央有深色的横纹，一直伸延到尾巴末端。

▲ 袋鼠具有较强的攻击性，纹兔袋鼠也是如此

纹兔袋鼠有什么特点？

在大洋洲，纹兔袋鼠的主要栖息地为平原多刺灌木丛和沼泽地边缘地区。在其他小岛上，它们主要生活在刺槐林中。

纹兔袋鼠是草食性动物，并主要从食物中吸取水分。它们喜欢吃多种草、果实及其他部分。雄性争夺食物时充满攻击性，很少会带食物给雌性。纹兔袋鼠属于夜行性动物，每当夜晚降临时，它们就会从灌木丛中钻出来，四处搜寻各种植物和水果进食。

纹兔袋鼠喜欢过群居生活，它们的繁殖呈周期性，繁殖期因地而异：在澳大利亚，纹兔袋鼠的繁殖期在每年的上半年；在其他小岛上，纹兔袋鼠的生育时间比在澳大利亚有所扩展，可以从 2 月一直持续到 8 月。通常一胎一仔。

已经灭绝的哺乳动物

103

东袋狸是怎样灭绝的?

　　东袋狸曾经是澳大利亚数量最多的袋狸之一,但因为它们寻找食物时往往会毁坏农田和花园,因此长期以来遭到人类的捕杀。人们不但用夹子捕杀它们,还在食物中拌进毒药投放到它们生活的地方,致使大量东袋狸被毒死。随着人类大量砍伐雨林和垦荒种田,东袋狸的栖息地越来越小,为了生存它们需要"越界"到人类的田地中觅食,被人类捕杀的儿率更大了。20 世纪,东袋狸的数量骤减,但人类的捕杀却未停止。到 1940 年,东袋狸全部灭绝。

◀ 东袋狸

part 3

已经灭绝的两栖爬行类

你知道头骨像斗笠的笠头螈吗?

笠头螈是生活在二叠纪中的两栖动物。它长得像个大蜥蜴,身体细扁,长约 60 厘米。头部像三角箭头向左右支出,头骨前部长有两颗小眼睛,两侧还长有尖状凸起物,形状十分奇怪。因整个头骨的形状像一顶斗笠,因而被命名为"笠头螈"。科学家们认为这个与众不同的头部也许起了保护作用,让想吃它们的食肉动物难以下咽,又或者是在水中是充当了"水翼"的角色。它有长尾便于游水。它四肢软弱,各有五趾,经常在泥岸上瞌睡。

▲ 笠头螈

笠头螈是如何灭绝的?

笠头螈大约生活于 2.7 亿年前的二叠纪,栖息地是如今的美国德克萨斯州。与现今大多数两栖动物一样,笠头螈生活在水中或水域的周围,多数以昆虫和鱼为主食。根据笠头螈生活的年代推算,它可能就在第三次物种大灭绝事件中灭绝的。灭绝原因就是气候变化或者天体撞击而造成的自然环境的恶化。

▲ 与现代蝾螈相比，笠头螈身体扁长，其类似斗笠的三角形头部是它最明显的标志。图为北方春蝾螈

你知道"鳄鱼的远亲"陆鳄吗？

　　陆鳄，意为"陆地鳄鱼"，古鳄类，是一种已经灭绝的鳄形超目动物，身长约 50 厘米。化石发现于威尔士，生存年代为三叠纪晚期。

　　陆鳄最早出现在三叠纪，是最早的鳄鱼。和现代鳄鱼相比，陆鳄生活在陆地上的时间较多，所以被称为陆鳄。陆鳄的体长大约为 50 厘米，体重约 20 千克。腿较长，并且能快速地奔跑。它的上下颌都很长。陆鳄是一种小型、细长、拥有长腿、类似蜥蜴的动物，外表不像现代鳄鱼，是鳄鱼的远亲。陆鳄可以非常快的速度移动，偶尔以后肢站起，但在正常状态下仍是以四足方式行走。陆鳄的四肢形状、姿势，显示它们可以快速奔跑。它们有非常长的尾巴，相当于头部到身体的两倍。当陆鳄以后肢快速奔跑时，尾巴可能具有平衡重心的功能。

古鳄类生活环境为水陆两栖。陆鳄的四肢直立于身体之下，显示最原始鳄形类，是善奔跑动物。现代鳄鱼偶尔可高速奔跑，两个前肢、两个后肢做出前后摆动的动作，以达到迅速移动的目的。化石显示陆鳄是趾行动物，以脚趾支撑重量行走。某些古生物学家提出，陆鳄可能是跳鳄的未成年体。

▼ 与现代鳄鱼相比，陆鳄生活在陆地上的时间较长

▲ 水龙兽虽长相凶猛，却是素食主义者，茂密的森林为它提供了足够的食物

水龙兽长什么样?

　　水龙兽与二齿兽一样同属异齿兽类，二者外形也极为相似。

　　水龙兽的外形尺寸和现代猪相似，它们长着猪一样的长嘴和一些小獠牙，从而可以挖掘地面的植被。水龙兽最明显的特点是上颌（相当于犬齿的部位）生有一对长牙，此外别无它齿。与其他异齿兽类相比较，水龙兽的头骨构造比较特别。它的眼眶位置很高，直达头顶，眼眶前面的脸部和吻部不像其他类群那样向前伸，而是折向下方，使脸面和头顶之间形成一个夹角，这个夹角有时可达 90°。同时，鼻孔的位置也移到眼眶下面。

已经灭绝的两栖爬行类

109

▲ 恐鳄属于短吻鳄。图为休憩中的短吻鳄

恐鳄有什么习性？

　　根据恐鳄的化石分布，这群巨鳄可能生存于河口环境。某些恐鳄化石被发现于海相沉积层，可能是因恐鳄进入海洋寻找食物，如同今日的湾鳄。

　　恐鳄通常被认为采取类似现今鳄鱼的猎食模式，将身体沉浸在水中，攻击接近岸边的恐龙或其他陆栖动物，直到猎物溺死。在大弯国家公园附近发现的数节鸭嘴龙尾椎，带有恐鳄的齿痕，由此进一步证实了恐鳄会以部分恐龙为食的理论。

　　有科学家还认为，海龟也是恐鳄喜爱的食物。恐鳄可能会用嘴部后段较钝的牙齿，咬碎海龟的龟壳，以海龟为食。在恐鳄的北美洲东部化石发现处，经常发现属于侧颈龟的一类海龟化石，数个此种海龟的龟壳已发现齿痕，很有可能是大型鳄鱼留下的。

你熟悉恐龙吗?

恐龙时代离我们如此遥远，如果不借助于化石，我们对恐龙这一神秘的物种就会一无所知。所以对恐龙的研究，也就是对恐龙化石的研究。

恐龙是群中生代的多样化优势陆栖脊椎动物，支配全球陆地生态系超过 1.6 亿年之久。恐龙最早出现在 2.3 亿年前的三叠纪，灭亡于约 6.5 千万年前的白垩纪晚期所发生的白垩纪末灭绝事件。

在全盛时代，恐龙进化成很多种类。科学家们根据它们骨骼化石的形状，把它们分成两大类：一类叫作鸟臀目，一类叫作蜥臀目。大部分的蜥臀目恐龙都具有往前突出的耻骨，而鸟臀目恐

▼ 恐龙化石为人类研究恐龙的依据

龙的每根耻骨都向后倾斜。蜥臀目恐龙包括以四肢行走的草食性蜥脚类恐龙，以及几乎用两肢行走的肉食性兽脚类恐龙。

恐龙与其他爬行动物的最大区别在于它们的站立姿态和行进方式，恐龙具有全然直立的姿态，其四肢构建在其躯体的正下方位置。这样的架构比其他各类的爬行动物（如鳄类，其四肢向外伸展）在走路和奔跑上更为有利。

最著名的恐龙有哪些？

最著名的草食性恐龙莫过于迷惑龙（之前被称为雷龙），生活于约 1.5 亿年前的侏罗纪。它们是陆地上存在的最大型生物之一，体重可能达 26 吨，体长 21 ～ 23 米。它的脖子 6 米长，尾巴大约长达 9 米。它的身体后半部比肩部高，但当它以后脚跟支撑而站立起来时，简直是高耸入云。

▼ 人们根据迷惑龙化石大小建造的迷惑龙模型

已知的、最著名的肉食性恐龙是暴龙。它们是肉食恐龙中出现最晚，也是最大型、孔武有力的品种，可能是世界上已知最强的食肉动物。身长约13米，肩高约5米，平均体重约9吨，生存于白垩纪末期，距今6850万年～6550万年。

恐龙是怎样进攻和防御的？

▼ 钉状龙的骨钉是对付肉食性恐龙的利器

肉食类恐龙猎食的武器是锐利的牙齿和爪子。暴龙类恐龙会寻找落单的草食性恐龙，因此常常单独行动。而有些恐龙则会群体行动，锁定猎物后蜂拥而上，并用第二根趾头的脚爪割开猎物的腹部。

草食性恐龙一般会有一些特殊的"装备"来对付肉食性恐龙的攻击，这些装备有时是坚韧的皮甲、骨棒或骨钉，有时是有力的尾巴。大型草食性恐龙会集体行动，一旦受到威胁，就会集体坚守阵地并进行反击。

什么是塞舌尔象龟？

塞舌尔象龟也叫马里恩象龟。实际上，马里恩是一只象龟的名字，但是当它被命名马里恩这个名字的时候，它的伙伴们都已

▲ 塞舌尔岛上如今已没有了塞舌尔象龟的身影。图为塞舌尔岛上的乌龟

经灭绝了，只剩下它一个作为代表。

　　塞舌尔象龟是象龟中体型较大的一种，体重大约有 270 千克，身长也有 1.2 米。它的头部呈淡黄色，顶部有排列对称的大鳞；背甲隆起，似大象背状，背上盾片中央有大黑斑块；腹甲前缘较厚，后部缺刻较深；四肢呈圆柱形，趾指间无蹼。

　　塞舌尔象龟是草食动物，耐热性强，怕低温。白天它们都各自寻找食物，只有晚上才聚集在一起。象龟的寿命很长，可算是动物中寿命最长的。1737 年，科学家们在印度洋的一个岛上捕获了一只 100 岁的象龟。这只龟被送到英国，在一个动物园又活了很长的时间，20 世纪 20 年代还生活在那里。

　　塞舌尔群岛以前曾是象龟的领地，后来由于法国、葡萄牙、荷兰和美国殖民者的大规模捕杀，塞舌尔象龟在 19 世纪初期灭绝。目前，塞舌尔除阿尔达布拉岛上还生活着亚达伯拉象龟之外，其他岛上的象龟均濒临灭绝。

你听说过达尔文蛙吗?

达尔文蛙为达尔文蛙科的代表,本科仅 1 属 2 种,产于阿根廷、智利。由于被达尔文在航行世界途中发现,故以此命名。达尔文蛙又名豹蛙,是小型的陆栖蛙类,属无尾目,身长只有 3 厘米。灰色、绿色或褐色,纵长的背脊颜色略淡。背部有深色斑点,斑点边缘颜色稍淡。叫声由喉部发出的鼾声和呼噜声组成。有记载的观测记录是:1978 年有人发现智利达尔文蛙的活动迹象,此后再没有观测到它的踪迹,很可能这种外形奇特的青蛙现已灭绝。灭绝原因尚不明确。

达尔文蛙是怎样繁殖后代的?

智利达尔文蛙主要生活在森林地面的杂叶堆中,它与其他青蛙最不同的是它抚育幼蛙的方式:达尔文蛙将卵放在雄蛙的声囊中孵化,变态完成后再将小蛙从口中吐出。

繁殖季节,达尔文蛙会从石头、枯木等藏身之处出现,雄蛙发出清脆铃声般的叫声。雌蛙将少数大型的白色卵团产于潮湿的地面,之后雄蛙就会守候在孩子们的身边。当胶质中蝌蚪发育到开始游动时,做父亲的就会把他们含到嘴里去,卵会落

▼ 智利达尔文蛙比普通青蛙体型略小,其色彩除去褐色还有绿色等较为鲜艳的颜色。图为普通青蛙

115

到它的声囊——喉咙和腹部下面的一个大囊里。这个声囊会发出微小的铃声般的叫声。达尔文蛙让蝌蚪在那里面生长，小蝌蚪们要在那里待上 3 个星期才能完成发育，这时候，父亲就会把它们吐出来，小蛙从此才开始自食其力的生活。

什么是金蟾蜍？

金蟾蜍，又称环眼蟾蜍，是美洲蟾蜍的一种，其雄性个体全身呈金黄色，因此被称作金蟾蜍。成年雄金蟾蜍体长 3.9 ~ 4.8 厘米，皮肤光泽明亮，与普通蟾蜍有很大不同。雌金蟾蜍个头略

▼ 金蟾蜍会在交配季节现身哥斯达黎加的一小片热带雨林地带

大，体长 4.2 ～ 5.6 厘米，外形与雄金蟾蜍有很大不同，皮肤为黑底伴有深红色大型斑块并镶有黄边。

金蟾蜍主要生活在地下，仅在交配季节现身到雨林中。这种蟾蜍曾大量存在于哥斯达黎加蒙特维多云雾森林中一片狭小的热带雨林地带。

金蟾蜍干燥季节过后进行交配，一般在降水量略有升高的 4 月份进行，会持续数周的时间。此时，雄蟾蜍会大量聚集在地面的水洼中，等待雌蟾蜍的到来；雄蟾蜍会相互争斗以获得交配的机会，直到交配季节的结束。此后，雄蟾蜍会重新隐藏到地下，雌蟾蜍会将卵产在季节性的水洼中，每次产卵平均 228 只。两个月后，卵会自动孵化成为蝌蚪。

金蟾蜍是如何灭绝的？

在 1987 年，仍有正常数量的金蟾蜍在野外繁殖生长，然而到了 1988 年，在其栖息地只能找到两只雌性金蟾蜍和 8 只雄性金蟾蜍。1989 年，只发现过一只雄性金蟾蜍，这是金蟾蜍物种的最后记录。此后人们的大规模搜寻工作都无功而返。相关研究认为，造成金蟾蜍绝灭的主要原因为全球变暖和环境污染。

已经灭绝的两栖爬行类

117

part 4

已经灭绝的鸟类

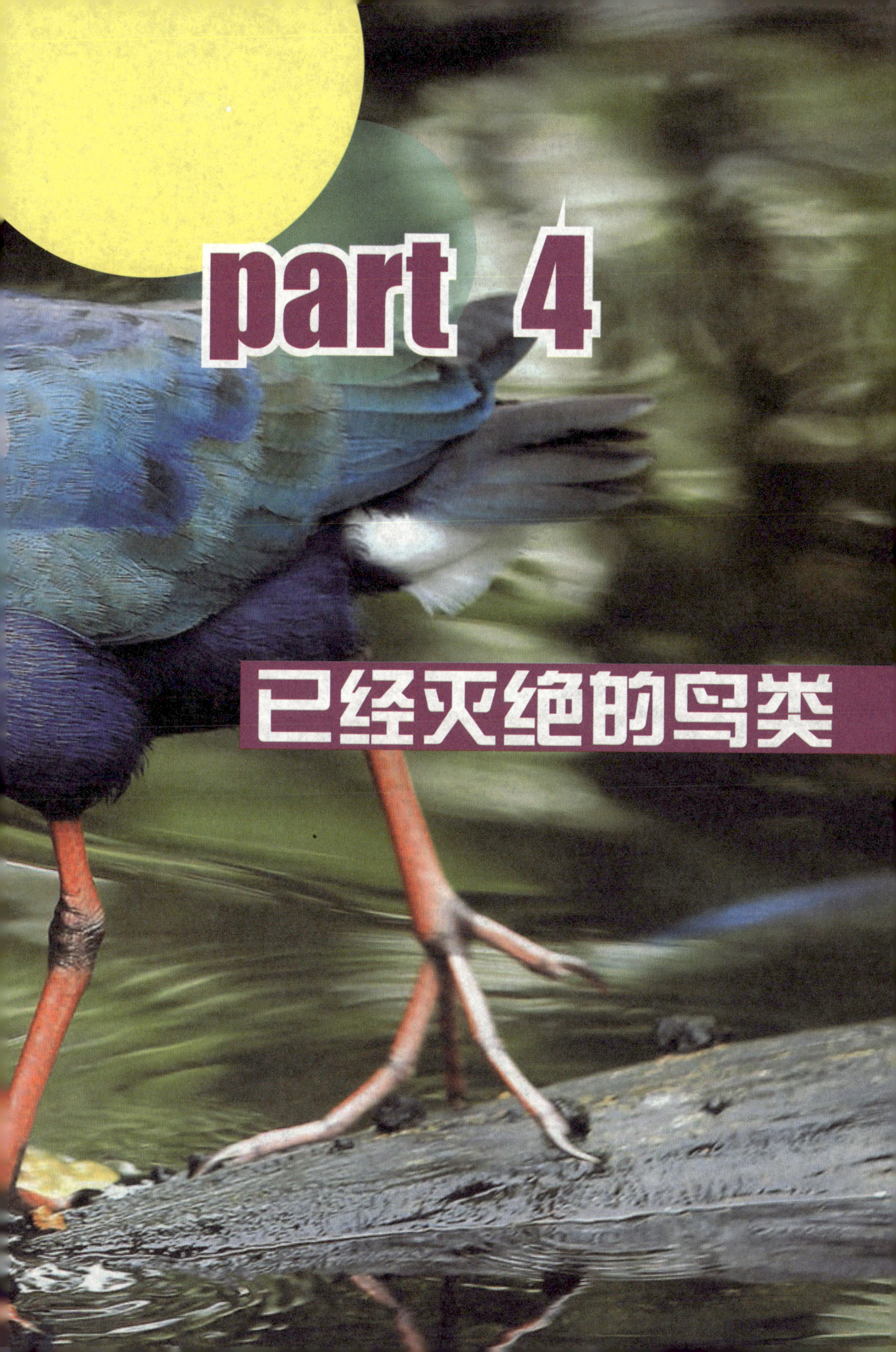

最早及最原始的鸟是什么鸟？

　　始祖鸟是最早及最原始的鸟类，名字是古希腊文的"古代羽毛"或"古代翅膀"的意思，故又名古翼鸟。

　　始祖鸟的大小、体态与现今喜鹊极为相似，它们有着末端圆形的翅膀，并有比身长的尾巴。始祖鸟可以成长至0.5米长，它的羽毛与现今鸟类羽毛在结构上相似，但其飞翔能力比现今鸟类要差很多，据推测也只能和现代野鸡相比。除了一些与鸟类相似的特征外，它有着很多兽脚亚目恐龙的特征。不像现今鸟类，始祖鸟有细小的牙齿可以用来捕猎昆虫及其他细小的无脊椎生物。始祖鸟的脚为三趾长爪，与恐龙极为相似。

　　由于始祖鸟有着鸟类及恐龙的特征，因此一般被认为是恐龙及鸟类之间的过渡，它可能是第一种由陆地生物转变成鸟类的生物。

◀ 最早的鸟类——始祖鸟化石骨骼

人们根据始祖鸟骨骼化石
复原出的始祖鸟 ▶

始祖鸟是现代鸟类的始祖吗?

　　始祖鸟生活于1.55亿年前,它虽名为"始祖鸟",但并不是现代鸟类的始祖。经研究证明,它是蜥形纲向鸟类过渡的中间阶段的代表,所以被称为"始祖鸟"。

　　始祖鸟属肉食性动物,它保留了爬行类的许多特征:例如嘴里有牙齿,而不是形成现代鸟类那样的角质喙;有一条由21节尾椎组成的长尾巴;前肢三块掌骨彼此分离,没有愈合成腕掌骨,指端有爪;骨骼内部还没有气窝,等等。另一方面,它已经具有羽毛,并具有初级飞羽、次级飞羽、尾羽以及复羽的分化,这些都是鸟类的特征。

　　从始祖鸟保留下来的一系列与爬行动物相似的特征可以看出,它适应飞行的各方面构造还很不完善,所以推测它大概还只能在低空滑翔。有人认为,始祖鸟可能在内陆海岸边的地上追逐和捕捉昆虫和爬行动物。

已经灭绝的鸟类

你听说过圣贤孔子鸟吗?

圣贤孔子鸟属蜥鸟亚纲,是除德国始祖鸟外世界最早、最原始的鸟类。在已公开的化石标本中,孔子鸟的骨骼结构十分完整,并有着清晰的羽毛印迹,这使得孔子鸟成为最出名的中生代鸟。

圣贤孔子鸟的主要特征是:头骨各骨块不愈合,尚具有其爬行类祖先遗留下来的眶后骨,牙齿退化,出现了最早的角质喙。前肢仍有三个发育的指爪,胸骨无龙骨突,肱骨有一大气囊孔。

▲ 孔子鸟

最早拥有无齿角质喙部的鸟类是什么?

1993 年,辽宁北票市附近的四合屯农民杨雨山收集到一副近 30 厘米的鸟类化石,后来化石收集者张和又收集到一些鸟类的前肢和颅骨的化石。及至 1995 年,由中国科学院古脊椎动物与古人类研究所研究员侯连海所带领的研究小组对该鸟进行了描述,并命名为圣贤孔子鸟。

据出土地点的地质形成史推断,这种鸟生活在距今约 1.25 亿年到 1.1 亿年,即西方学者所称的白垩纪早期。孔子鸟是目前已知的最早拥有无齿角质喙部的鸟类。

在化石中可以清晰地看到在圣贤孔子鸟颈部有鱼类的残体,由此可以推断孔子鸟为肉食性动物。

你听说过象鸟吗？

象鸟又叫隆鸟，属于古腭总目，和鸵鸟的关系较近，不能飞，且其胸骨没有龙骨脊。象鸟仅生存于岛国马达加斯加的森林中，为植食性鸟类，森林中的绿色植物可为它提供丰富的食物。

象鸟十分高大，比现在世界第一大鸟——鸵鸟高很多，在500多年以前，可称得上世界第一大鸟。象鸟的蛋与它的身体一样，也十分大，相当于 7 个鸵鸟蛋或 200 多只鸡蛋那么重，仅蛋黄就有 9.4 升。

▼ 象鸟体型巨大

已经灭绝的鸟类

123

象鸟灭绝的原因是什么？

象鸟数量本来一直不多。到了 17 世纪，马达加斯加岛的居民数量已增至以前的十几倍，他们加快了开发自然、掠夺自然资源的进度。大片的森林被砍伐，变成了家田，使象鸟无家可归，许多象鸟因此死掉了。1649 年，是当地居民能够捕杀到象鸟的最后一年。自此以后，人类再也没有发现过任何象鸟的足迹。现在，只有马达加斯加部分沙漠地带的象鸟卵碎片才能证明它曾真的存在过。

什么是大海雀？

大海雀是大型游禽，体型粗壮，与企鹅很像。大海雀体长 75 ～ 80 厘米，体重 5 千克。大海雀全身以白黑两色为主，后背为黑色，胸部和腹部为白色，这种保护色使它们在海岸岩石上不易被发现。大海雀脚趾为黑色，脚趾间的蹼为棕色。喙为黑色并有白色横向纹槽，适于捕食鱼类。另外它每只眼睛和喙之间还有一小块白色的羽毛。

◀ 大海雀复原图

大海雀可以用翅膀在水下游泳吗？

大海雀为水生鸟，曾成群地繁殖于北大西洋沿岸的岩石岛屿。向南远到佛罗里达、西班牙和意大利，均曾发现大海雀化石遗体。

它们可以使用翅膀在水下游泳。由于它的双翼已经退化，因此只能在水面上低低滑翔。当它潜入水中后，会继续挥动双翼，起着强劲的推动作用，因此其在水中的游动速度非常快。在陆地上，它的行动比较缓慢，所以除繁殖季节外，大海雀很少在陆地上生活。

大海雀的繁殖能力极低，每次只产一枚卵，而且不做窝，仅产在露天的地面上，并在 6 月份进行孵化。大海雀雏鸟生长极快，三周后便可出巢。由于它们喜欢集体活动，常常成百上千只聚集在一起，因此在繁殖季节，成年海雀、幼海雀聚集在一起鸣叫活动的场面甚为壮观。

生物学家们通过对芬克岛上残留的大海雀骨骼的研究，和依据其形态而进行的生物学推断，认为它们的食物可能主要为 12 厘米至 20 厘米长的鱼，但偶尔也捕食较大的鱼，其中大西洋鲱鱼和柳叶鱼可能是大海雀的最爱。大海雀天敌很少，主要是大型的海洋哺乳动物和一些猛禽，而且它们天生不怕人类。

是人类导致了大海雀的灭绝吗？

在大海雀生存的地区，很早就有捕杀大海雀的历史，但是原始的捕捉方式并没有影响到大海雀物种的灭亡。15 世纪开始的小冰期对大海雀的生存产生了一定的威胁，但大海雀最终灭绝还是由于人类任意捕杀和对其栖息地大面积开发所致。19 世纪初期，大海雀已遭到人类以获取肉、蛋和羽毛为目的的大量捕杀，此外也有因作为博物馆标本和私人收藏而被杀害的。1844 年 7 月 3 日，在冰岛附近的火岛上，最后一对大海雀在孵蛋期间被杀死。此后，虽有人声称曾见到过大海雀，但未经证实，大海雀在地球上的生存终止在 1844 年。

你知道瓜达鲁贝美洲大鹰吗？

瓜达鲁贝美洲大鹰保留着祖先的巨大身材，是一种独一无二的鹰类，当地人又称之为瓜达鲁贝大鹰。因为在岛上没有天敌，它们几乎没有进化。它有着鹰一样宽大的翅膀，飞翔的姿势也和大型的猛禽类一样。

瓜达鲁贝岛有着熔岩形成的陡峭的山崖及茂密的灌木和松林，有理想的植物层形成，这为瓜达鲁贝美洲大鹰提供了良好的生存空间。瓜达鲁贝美洲大鹰一般吃虫、小鸟或是动物卵体。它们将巢建在悬崖峭壁上，在人类看来相当危险的地方，却为雏鹰提供了安全的生长之地。

◀ 瓜达鲁贝美洲鹰与现在的秃鹰属同类，但其长相又有些像隼

瓜达鲁贝美洲大鹰是怎样灭绝的?

　　1700 年左右，生活在瓜达鲁贝的人们开始放羊。放羊的牧童们都误认为瓜达鲁贝大鹰会像鹫那样袭击山羊群，因为白色耀眼的山羊群从空中看来是显眼的目标。人们开始想尽一切办法对付美洲大鹰，从猎枪到毒饵，想把美洲大鹰全部消灭掉。

　　1900 年，地球上仅存最后一群美洲大鹰了。目击鹰群的人是一位男性收藏家，他说道："1900 年 12 月 1 日下午，一群美洲大鹰向这边飞来。11 只鹰中，有九只被留了下来!"留下来就是被击落了，另外两只美洲大鹰命运如何，没有人知道。自此之后，再也没有任何人看到过它们的身影。

你听说过旅鸽吗?

　　旅鸽曾经是世界上最常见的一种鸟类，为中型鸽类。形似斑鸠，翅尖，尾羽扇形，较长，可占体长的 1/2。旅鸽体长 32 ～ 40 厘米，重 250 ～ 340 克;双翅展开达 65 厘米。

　　头部和上体主要为蓝灰色，2 枚尾羽褐灰色，其余尾羽白色，翅膀褐灰色并带有不规则的黑色斑块。背上部蓝灰色，胸部暗红，有大白斑点。喉部白色，嘴黑色，腿、脚红色。

　　旅鸽曾经是生活在美国和加拿大南部最为庞大的群栖性鸟类，每群可达 1 亿只以上。旅鸽栖息于森林中。它们结群营巢于树上，

已经灭绝的鸟类

巢用细枝构成。主要食用浆果、坚果、种子和无脊椎动物。

旅鸽雌雄共同孵卵，每窝产卵 1 枚，孵化期约 13 天。雏鸟第一周食双亲分泌出的鸽乳。旅鸽寿命可达 30 年。

曾经常见的旅鸽为什么灭绝了？

欧洲人踏上北美大陆前，那里有 50 多亿只旅鸽，它们终年无忧无虑地生活着，每到迁徙的季节，成千上万遮天蔽日。可是欧洲人到那里之后，由于旅鸽肉味鲜美，开始遭到他们大规模的围猎。从此，旅鸽也就一步步走向了灭绝。在不到 100 年的时间里，旅鸽从几十亿猛减到濒临灭绝。

到了 19 世纪 70 年代，美国的国内战争结束后，鸟类学者已经很难发现大片的旅鸽群了。进入 19 世纪 90 年代以后，旅鸽的野外记录几乎没有。1900 年，最后的野生旅鸽在俄亥俄州由一名 14 岁的男孩射杀。1914 年 9 月 1 日下午，最后一只人工饲养的叫"玛莎"的雌性旅鸽在美国辛辛那提动物园中死掉，旅鸽从此灭绝了。

▼ 旅鸽与现代鸽子的食性相差无几

▲ 鹦鹉多数都长得十分鲜艳美丽，且生性活泼。图为卡卡鹦鹉

你知道卡罗拉依那鹦鹉吗?

　　卡罗拉依那鹦鹉是生活在北美洲中唯一的鹦鹉，它们有着橙红色或黄色的头部，还有长长的尾巴和绿色的翅膀。

　　卡罗拉依那鹦鹉成群地生活在美国东部的落叶树林地带。与其他鹦鹉一样，卡罗拉依那鹦鹉爱玩耍，活泼、快活，还很会说话。它们在大树的洞中建巢，会站在森林的树梢上唱上整整一天。森林中树木的果实是它们的食物。随着欧洲移民的到来，森林被开垦为田地，鹦鹉们逐渐开始采食果物及农作物。

卡罗拉依那鹦鹉因何灭绝？

生性活泼的卡罗拉依那鹦鹉不光在饥饿的时候采摘人们种植的果物及农作物，有时候，它们还会剥掉果皮，或有意把果子弄到地上，3只鹦鹉毁掉一棵树毫不费力。因此，人们看到树上的鹦鹉就会毫不犹豫地向它们射击。

19世纪末，卡罗拉依那鹦鹉成了人们举行的猎射比赛的对象或食物。美丽的羽毛也被装饰帽子，在欧洲市场或美国供不应求。加之养鸟成为时尚，爱说、爱玩的美国产鹦鹉大为抢手。无论因为仇视还是喜爱，结果都是一样的——鹦鹉的数量急剧下降。1904年，最后一只野生鹦鹉被人们击落了。1917年，被人工保护起来的卡罗拉依那鹦鹉的数量仅剩下两只了，雌性鹦鹉在当年死亡，雄性鹦鹉也于第二年死去。

什么是夏威夷暗鸫？

夏威夷暗鸫原住于夏威夷的考艾岛，是夏威夷考爱岛暗鸫及褐背孤鸫的近亲。这是一种细小及深色的鸟类，雄鸟及雌鸟外观相似，上身呈深褐色，下身呈灰色，双脚黑色。

鸫是比椋鸟稍大一些的鸣禽，为著名的食虫鸟类，它们虽也吃一些浆果和植物种子，但主要以昆虫为食。夏威夷暗鸫亦是如此，它们在峡谷密林中出没，往往会停留在灌木丛和低矮的乔木上寻找食物。

　　夏威夷暗鸫现已灭绝，具体灭绝时间没有详细记载。在1800年时，它们还是考艾岛最普遍的鸟类，它们的身影在岛上随处可见。但人类清除林地及蚊子带来的疟疾原虫使它们数量大量减少，加上野猪及大家鼠等外来物种的入侵，引发了它们的生存危机。

▼ 灌木丛是夏威夷暗鸫寻找食物的场所，可随着人类的不断开发，这种灌木丛越来越少了

你知道夏威夷乌鸦吗?

夏威夷乌鸦与其他乌鸦相同,通体黑色,嘴、腿及脚也是黑色。但体羽除黑色外,还具有紫蓝色金属光泽。

▲ 夏威夷乌鸦通体黑色,体毛泛有紫蓝色金属光泽。图为阿拉斯加大嘴乌鸦

夏威夷乌鸦只生活在夏威夷岛的开阔林地中。它们的食物十分多样,腐肉、动物卵、雏鸟,以及其他动物、水果,甚至人类的食物都是它们喜欢吃的食物。夏威夷乌鸦的叫声类似于猫的叫声,它们还可以发出各种各样其他的声音。

夏威夷乌鸦一般在树上筑巢,雄鸟和雌鸟一起建造"房屋",然后共同生儿育女。雌鸟通常一次产五枚卵,雄鸟与雌鸟都参与孵化。

夏威夷乌鸦已经野外灭绝了吗?

夏威夷乌鸦的灭绝原因目前没有完全清楚,栖息地的改变、人们的猎杀、引进来的天敌(包括老鼠和印度猫鼬)、禽疟和外来蚊子带来的病菌等,导致了夏威夷乌鸦的数量急剧下降。最后两只夏威夷乌鸦灭绝于2002年,现在的保护状况为"野外灭绝"。当地还有一些被圈养的夏威夷乌鸦,但是由于其剩余数量过少,该物种被认为已无法重新恢复。

留尼旺椋鸟是戴胜的亲戚吗？

留尼旺椋鸟的头上有一个灰冠，长 30 厘米。双翼呈灰褐色，展开达 4.7 厘米。尾巴长 11.4 厘米，呈红褐色。脚呈黄色，踝骨长约 3.9 厘米，趾甲弯曲。头、颈及腹部都呈白色。雄鸟的喙长 4 厘米，呈浅黄色，稍微向下弯曲；雌鸟的喙较细小且笔直。雄鸟的冠向前，而雌鸟的冠向后。根据它们冠及喙的形状，一直以来科学家都将它们看作是戴胜的亲戚。留尼旺椋鸟是留尼旺的"原住民"，它们生活在潮湿的沼泽森林及海岸山区树林中，主要吃昆虫、农作物及水果。对于其筑巢、繁殖等资料则不明。

▼ 科学家一直将留尼旺椋鸟看作是戴胜的亲戚。图为戴胜

已经灭绝的鸟类

留尼旺椋鸟是因为大家鼠的入侵而灭绝的吗？

留尼旺椋鸟的减少可以在 19 世纪自然学家的信中见到。它们灭绝的原因是大家鼠的入侵，而引入家八哥来对付蝗虫使得它们缺乏食物导致数量有所减少。除此之外，由于它们吃咖啡果而为咖啡种植户所不容，加上它们肉质鲜美，故为人类大肆猎杀。最后一只留尼旺椋鸟是于 1837 年被猎杀的。

你知道乐园鹦鹉吗？

乐园鹦鹉也叫天堂长尾鹦鹉，是一种色彩丰富、中等身形的鹦鹉，为典型的攀禽，鸟喙强劲有力，喙钩曲，上颌具有可活动关节。

乐园鹦鹉脚短、强大，对趾型，两趾向前两趾向后，适合抓握和攀缘生活。体长 25 厘米。尾巴差不多与身体一样长。

乐园鹦鹉羽毛颜色很丰富，包括有土耳其玉色、水色、绯红色、黑色及褐色。雄鸟头冠为红色，颈背棕色及黑色，下体红棕色，腹部两侧和腿绿蓝色，上尾上覆羽翠绿色，脸和腹部翠绿色，下覆羽和腹部的中心及尾部红色，小翼覆羽的中外侧红色，尾巴呈现为青铜或绿蓝色或白色，鸟喙灰白色。雌鸟的羽色较雄鸟深，呈暗色。雌鸟额头和眼部周围黄棕色，冠和后颈黑棕色，脸和胸部橙色、棕色、棕褐色或黄色，腹部和下尾上覆羽淡蓝色，腹部中心红色。

▲ 乐园鹦鹉

▲ 森林、草地、有花木的开阔地区是乐园鹦鹉最喜爱的栖息地

乐园鹦鹉有什么特点吗？

乐园鹦鹉分布于澳大利亚东南部，即维多利亚与新南威尔士东南部，以及塔斯马尼亚岛及贝斯海峡上的弗里克斯群岛，是澳大利亚珍稀的鹦鹉种类之一。

它们主要栖息在森林、桉树林、草地及有花木的开阔地区。常敏捷快速地活跃在枝头间，主要在树木的顶端枝头间活动，经常以身体倒挂的方式吸食花蜜，只有在喝水时才会到地面上。昆虫、水果、浆果、种子及许多植物都是它们主要的食物。它们叫声清脆，是十分活泼的种类。繁殖期在 9 月底至 1 月初，于 10 ~ 11 月时会产卵，一窝产 3 ~ 5 枚卵。雌鸟独立孵雏，孵化期约 20 天。

已经灭绝的鸟类

135

乐园鹦鹉是如何灭绝的？

乐园鹦鹉的数量突然骤减的原因仍然不明，可能包括过度放牧、土地破坏、狩猎及被入侵物种掠食。于19世纪末，它们已变得很稀少。由于所居住的森林遭严重的开发，捕捉贩售一直没有间断，加上在塔斯马尼亚岛的族群常因食用农作物而遭农民捕杀，虽然有当地政府的法律保护，但乐园鹦鹉的数量日渐稀少。1915年乐园鹦鹉被确认灭绝。

腿占身高一半以上的水鸡是什么水鸡？

新不列颠紫水鸡主要生活在新西兰南部岛屿的一部分地区，是水鸡类最漂亮的一种。新不列颠紫水鸡长0.47米，高0.6米左右，体重1.5～2千克。雄性全身覆盖着漂亮的紫色羽毛，嘴和头的顶部及腿为朱红色。雌性和雄性的颜色截然不同，全身为灰褐色。它们的腿又细又长，其中腿高占身高的一半以上，非常适于在水草上行走。

新不列颠紫水鸡生活在水边水草繁茂的地方，有时也会游到水面较宽阔的地方去寻找食物。其食物以植物为主，也吃一些螺类和水栖昆虫。虽然脚上没有蹼，但它们却会游泳、潜水。

▲ 紫水鸡一般喜欢在水面较开阔的地方寻找食物

新不列颠紫水鸡灭绝的原因是什么？

　　由于新不列颠紫水鸡生活的岛屿交通不便，所以直到 18 世纪末一直很少有人到这里来开发耕地。紫水鸡就这样在不受任何外界干扰的情况下生活着。1804 年，英国移民的到来，给岛屿上的紫水鸡和其他水鸟带来了灭顶之灾。

　　由于岛屿上原来很少有人进入，因此紫水鸡根本不知道躲避人类，很容易就被人们抓到，且常常一抓就是上百只。此外，这些移民还猎杀它们，捡拾它们的卵，移民带来的猫也猎食紫水鸡及其雏鸡。加之英国移民大面积开发岛屿种植庄稼，使紫水鸡没有了躲藏之地，没有了食物，紫水鸡数量骤减，最终于 1834 年灭绝。

你听说过恐鸟吗？

恐鸟是曾在新西兰生活的巨型而不能飞行的鸟。目前根据从博物馆收藏所复原的DNA，已知有十种大小差异不同的种类，包括2种身体庞大的恐鸟，其中以巨型恐鸟最大，高度在3米左右，最大的个体可达3.6米，体重约250千克。小型的恐鸟则只有火鸡大小。

恐鸟身躯肥大，上肢已经退化，下肢粗短。虽然下肢强壮，但庞大的身躯使得恐鸟的奔跑能力远不及鸵鸟。

▲ 小型恐鸟与火鸡大小相同。图为火鸡

恐鸟已知的生活习性有哪些？

古生物学家通过对新西兰发现的恐鸟化石的研究，认为恐鸟主要吃植物的叶、种子和果实，有时也采食一些昆虫。它们的沙囊里可能有重达3千克的石粒帮助磨碎食物。

巨型恐鸟栖息于丛林中，每次繁殖只产一枚卵，但它们不造巢，只是把卵产在地面的凹处。恐鸟属于"一夫一妻"制，它们以夫妻为单位终年栖息在新西兰南部岛屿的原始低地和海岸边林区草地里。一对恐鸟可以共同生活终生，或者只有其中一只死去，幸存者才去另寻找配偶。由于恐鸟身体庞大，需要大量的食物，因此每对恐鸟都有着自己大片的领地。

恐鸟灭绝的原因有哪些？

由于恐鸟生活区域人烟稀少，食物充足，并且没有天敌，只有少数土著人猎杀恐鸟为食，这并没影响到恐鸟的数量的减少，在 18 世纪初，仍有几万只恐鸟在这里安逸地繁衍生息着。

到 18 世纪中期，恐鸟数量飞速下降，到了 1800 年已经很少见，估计在 1850 年左右彻底灭绝。对于恐鸟灭绝的原因，目前尚不清楚。根据有关研究，在人类抵达之前，恐鸟的主要猎食者哈斯特鹰就已经灭绝了，因此有人认为没有天敌的恐鸟的灭绝，与毛利人的波利尼西亚祖先的猎捕和开垦森林有关。

▼ 恐鸟体型庞大，但与象鸟还有一定差距。图为恐鸟骨骼复原图

恐鸟已经灭绝，我们只能从那些根据骨骼碎片复原的恐鸟图片中，来欣赏这一巨鸟的风范了。

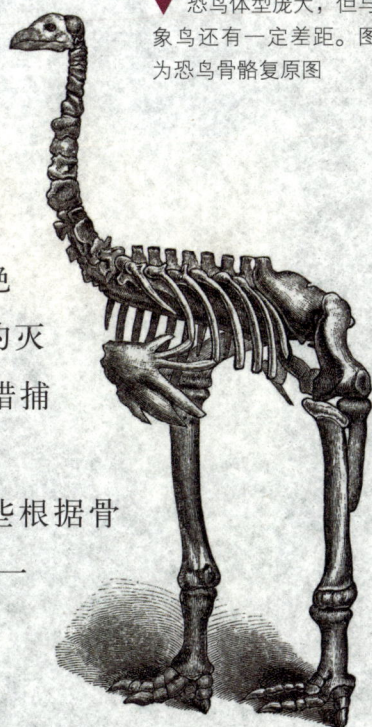

已经灭绝的鸟类

139

你知道新西兰鹌鹑吗？

　　新西兰鹌鹑是雉科鹑属的鸟类。它翅较长而尖，第 1 枚初级飞羽最长，或与第 2 枚几乎等长。尾羽柔软，计 10 ～ 12 枚，被尾上覆羽遮盖住。嘴小而细长。跗蹠（鸟类的腿以下到趾之间的部分）强壮但不甚长，与中趾连爪长度相当。

　　新西兰鹌鹑通常喜欢在乡野间藏身，当受到惊扰时，便会急劲起飞，等找到合适的地方落下后便急急地躲藏起来。它们主要以昆虫、种子和一些草为食物。它们的巢一般筑在草地上那些比较隐蔽的地方。

▼ 鹌鹑主要以昆虫、种子、草等为食物

新西兰鹌鹑是如何消失的？

　　第一批欧洲殖民者在新西兰享受到了瞄准枪杀新西兰鹌鹑的乐趣。之后，有人不断"享受"着这种乐趣，而新西兰鹌鹑却在人类的这种乐趣中不断减少。加上欧洲殖民者的烧荒行为，新西兰鹌鹑失去了生活的家园。数量锐减的背后，是种群消亡的危险。新西兰鹌鹑没能逃脱灭绝的命运，1875年以后，人类再也没有发现过它们的存在。

你知道黄嘴秋沙鸭吗？

　　黄嘴秋沙鸭与普通鸭子同属于鸭科，体形与鸭子也十分相似，只是其嘴部构造和普通鸭子有很大不同。它们的嘴部前端弯曲成钩状，两边还各有一排角质细齿，鼻孔在嘴中部。

　　雄性黄嘴秋沙鸭羽毛色彩斑斓，并带有黑色羽冠，在阳光照耀下全身羽毛闪闪发光，甚是好看。雌性大部分羽毛为灰褐色，没有了雄性羽毛的亮丽。

　　黄嘴秋沙鸭曾广泛分布于奥克兰岛，河流、湖泊、沼泽是它们的栖身之地。黄嘴秋沙鸭一般为"一夫一妻"制，每年3月末，它们会成对在水中追逐、嬉戏，之后共同生儿育女。有时为了争夺配偶，雄性之间也会发生激烈的斗争。

▲ 黄嘴秋沙鸭与现在的普通鸭子体形十分相似，只是体羽更为亮丽

欧洲移民导致了黄嘴秋沙鸭的灭绝？

　　奥克兰岛上的毛利族居民一般情况下从不捕杀黄嘴秋沙鸭，他们认为它和许多其他鸟类都是神灵赐予他们的朋友。在 19 世纪初，这里还到处都有黄嘴秋沙鸭的身影。欧洲人到来之后开始垦荒种田，黄嘴秋沙鸭的生活环境遭到了严重的破坏，加之这些外来人对鸭肉的垂涎，黄嘴秋沙鸭数量越来越少。1902 年是人类发现黄嘴秋沙鸭的最后一年，之后它们在地球上就销声匿迹了。

part 5

已经灭绝的水生生物

奇虾是寒武纪最庞大的的动物吗？

5.3亿年前的海洋中，最凶猛的捕食者莫过于奇虾了。这是一种攻击能力很强的食肉动物，它的个体最大可达2米以上，是已知最庞大的寒武纪海洋动物，而当时其他大多数动物平均只有几毫米到几厘米。

这个"庞然大物"身体两侧长有裂片状的翼，外形类似现代的虾，两根触角上布满倒钩，嘴部由甲壳构成。它有一对带柄的巨眼，一对分节的用于快速捕捉猎物的巨型前肢，以及美丽的大尾扇和一对长长的尾叉。

▲ 奇虾与现代虾外形相似，但体型十分庞大

这种动物有十几排牙齿，25厘米直径的巨口可掠食当时任何的大型生物，口中环状排列的外齿，对那些有外甲保护的动物构成了重大威胁。

奇虾灭绝的原因是什么？

在当时的海洋中，奇虾称得上是海洋中的"巨无霸"，处在食物链的顶端，能够轻而易举地猎获足够的食物，没有其他生物可以威胁它的生存，但最终还是灭绝了。其灭绝原因还有待进一步研究，但科学家们普遍推测，它是在4亿4千万年前，因为海洋甲烷大规模喷发而永远地从地球上消失了。

奇虾爱吃软的东西吗？

　　奇虾是一类已经灭绝的大型无脊椎动物，是一种在中国、美国、加拿大、波兰及澳大利亚的寒武纪沉积岩均有发现的古生物。

　　研究发现，奇虾的捕食肢能弯曲，腿能在海底行走，但它并不善于行走，可以在水中快速游泳。科学家在奇虾粪便化石中发现小型带壳动物的残体，这说明它是寒武纪海洋中的食肉动物。经过对其化石的研究分析，古生物学家们发现奇虾主要吃软的东西，像是泥里的虫类、水中漂浮的软质微生物等，三叶虫也可能是它喜爱的美食。

▼ 奇虾有便于捕食的巨型前肢，在当时三叶虫都沦为它的食物

已经灭绝的水生生物

145

你知道三叶虫吗？

　　三叶虫是最有代表性的远古动物，在距今 5.6 亿年前的寒武纪就已出现。这一物种生命力极强，前后在地球上生存了 3.2 亿多年，至 2.4 亿年前的二叠纪完全灭绝。

　　一般所采到的三叶虫化石都有背壳。从背部看，三叶虫为卵形或椭圆形，成虫的长为 3 ～ 10 厘米，宽为 1 ～ 3 厘米，小型的 6 毫米以下。从结构上可分为头甲、胸甲和尾甲三部分。三叶虫体外包有一层外壳，坚硬的外壳为背壳及其向腹面延伸的腹部边缘，壳面光滑。三叶虫背壳的中间部分称为轴部或中轴，左、右两侧称为肋叶或肋部。肋部分节，有肋沟和间肋沟。伴随着环境的不断变化，奥陶纪到泥盆纪末的一些三叶虫还进化出了非常巧妙的似脊椎结构，这种似脊椎结构可能是对于鱼的出现的一种抵抗反应。

　　多数三叶虫有眼睛，典型的三叶虫眼睛是复眼。它们还有可能用来作味觉和嗅觉器官的触角，触须可达 20 ～ 30 厘米。

▼ 三叶虫化石

三叶虫有什么特性？

三叶虫与珊瑚、海百合、腕足动物、头足动物等动物共生。大多适应于浅海底栖爬行或以半游泳生活，还有一些在远洋中游泳或远洋中漂浮生活。

▲ 从三叶虫化石中可清楚地看到它身体上的密密长刺

三叶虫的生活习性是多种多样的，化石中最多的一类是保存在石灰岩或页岩中，可见当时它们大多生活在浅海底或游移于淤泥之上。它们有的稍能游泳，有的随水漂流。

志留纪中期的齿虫类，整个身体几乎被密密的长刺包围，这些长刺对于它们在水里游泳来说是一种强有力的推进器，因此可以推测它们是游泳的能手；同时，这些长刺也是抵御天敌的有效武器。

奥陶纪的某些三叶虫，如宝石虫等还发展了卷曲的能力，它们的头部和尾部可以完全紧接在一起，仅将背部的硬壳暴露在外；它们还可以钻进淤泥以保护其柔软的腹部器官，这样，除了可以防御敌人，还可以像尺蠖那样以伸曲的方式推动身体前进。

已经灭绝的水生生物

147

三叶虫是怎样灭绝的?

　　三叶虫灭绝的具体原因不明，但是志留纪和泥盆纪时期两腭类强大，伴随着鲨鱼和其他早期鱼类的出现，三叶虫的数量不断减少，三叶虫可能成了这些新生动物的食物。此外到二叠纪后期时三叶虫的数量和种类已经相当少了，这无疑为它们的灭绝埋下了隐患。

巨齿鲨是一种软骨鱼类吗?

　　巨齿鲨是软骨鱼类，一般骨骼部位很难留下化石，所以截至2013 年只找到它的一些像手掌一样大的三角形牙齿化石和几块脊椎的化石，一般为 13 ~ 17 厘米长，是现在大白鲨牙齿的好

▼ 巨齿鲨的牙齿是现在大白鲨牙齿的好几倍大。图为凶猛的大白鲨

几倍。距离现代越近，牙齿构造与现代大白鲨越相似。

巨齿鲨身体强壮，呈流线型，根据其骨骼化石，科学家推算出这种大鲨鱼约长 13 米，体重大约有 20 吨，张开时嘴部直径可达 1.7～2.2 米。

你了解巨齿鲨的食谱吗？

巨齿鲨生活在 2650 万～150 万年前，巨齿使得它们可以追逐伤害比它们更大体型的猎物，而它们却很少在搏斗中受到伤害。它们最喜欢捕食鲸类，其他海洋哺乳动物也是它的最爱。

巨齿鲨可在短距离内快速游动，从猎物下方攻击。当猎食大型猎物时，巨齿鲨可能会先攻击其尾部或鳍，使其丧失游泳能力，然后再给以致命性的一击。

"海中巨无霸"巨齿鲨是怎样灭绝的？

巨齿鲨在当时而言处在食物链的顶端，这一"海中巨无霸"为什么会灭绝呢？科学家们根据化石研究推测，巨齿鲨大约在 150 万年前灭绝，当时地球的水循环出现了变化，上升流减少。由于食物缺乏，大量的鲸死亡了，多样化的鲸品种变少，巨齿鲨找不到足够的食物，渐渐灭绝了。

你听说过史德拉海牛吗？

　　史德拉海牛是以 1741 年发现这种动物的德国博物学家的名字命名的。史德拉海牛体形巨大，体重可达 4 吨，身长在 7.9 米左右，其皮厚 3 厘米。史德拉海牛生活在白令海峡、北冰洋水域，它在 1000 万年前就已经出现。

　　史德拉海牛以岩岸边生长的多种大型海藻为食，仅取食柔软的部分。据说当时每次史德拉海牛吃了海带以后，海带的茎和根就会被冲到岸上。进食时，它们只将部分身躯埋入水中，估计觅食深度不超过 1 米深。往往集体进食，幼兽会被围在群体中央保护。

　　史德拉海牛的天敌主要有虎鲸、大型鲨鱼等大型海洋食肉动物。根据对海牛的群体观察记录，科学家认为史德拉海牛很可能是"一夫一妻"制，配偶关系可能会维持相当长的时间。史德拉海牛多在早春时交配，怀孕期在 12 个月以上，秋季是分娩的高峰期，其他季节亦可生产。

▼ 史德拉海牛比现在的普通海牛要大许多。图为在海底觅食的海牛